21世纪应用型本科院校规划教材

# 电子技术基础实验训练集（第2版）

主 编 单 峡

副主编 邓全道

南京大学出版社

**图书在版编目(CIP)数据**

电子技术基础实验训练集 / 单峡主编. —2版.—
南京：南京大学出版社，2016.11(2023.7 重印)
21 世纪应用型本科院校规划教材
ISBN 978-7-305-17882-5

Ⅰ. ①电… Ⅱ. ①单… Ⅲ. ①电子技术—实验—高等
学校—习题集 Ⅳ. ①TN-33

中国版本图书馆 CIP 数据核字(2016)第 272354 号

出版发行 南京大学出版社
社　　址　南京市汉口路 22 号　　　邮　　编　210093
出 版 人　金鑫荣

丛 书 名　21 世纪应用型本科院校规划教材
书　　名　**电子技术基础实验训练集（第 2 版）**
主　　编　单　峡
责任编辑　单　宁　　　　　　　编辑热线　025-83596923

照　　排　南京开卷文化传媒有限公司
印　　刷　江苏凤凰数码印务有限公司
开　　本　787×1092　1/16　印张 9　字数 202 千
版　　次　2016 年 11 月第 2 版　2023 年 7 月第 5 次印刷
ISBN 978-7-305-17882-5
定　　价　26.00 元

网　　址：http://www.njupco.com
官方微博：http://weibo.com/njupco
官方微信号：njupress
销售咨询热线：(025)83594756

# 目　录

# 项目一　电工电子实习

## 实验一　常用电子元器件和万用表的使用

班级＿＿＿＿＿　学号＿＿＿＿＿　姓名＿＿＿＿＿　成绩＿＿＿＿＿

### 一、实验目的

（1）掌握电阻、电容等基本电路元器件的使用常识。

（2）掌握线性电阻、非线性电阻元件伏安特性的逐点测试法。

（3）掌握用万用表判别二极管的极性及好坏。

### 二、实验原理

## 三、实验仪器

万用表一只、二极管若干个,电阻若干。

## 四、实验内容

### 1. 电阻的识别及伏安特性

(1) 任取三个电阻,在表1-1中记录下电阻的色环颜色。

(2) 根据电阻的色环读出电阻阻值及允许误差,并在表1-1中记录。

(3) 利用万用表测量该三个电阻的阻值,并在表1-1中记录。

(4) 比较根据色环读出的电阻阻值与万用表测量的阻值是否一致,如有误差,说明原因。

表1-1　电阻识别测试表

| 电阻 | 色环颜色(按顺序) | 色环读出阻值 | 允许误差 | 万用表测量阻值 | 误差 |
|------|------------------|--------------|----------|----------------|------|
| 电阻1 | | | | | |
| 电阻2 | | | | | |
| 电阻3 | | | | | |

分析根据色环读出的电阻阻值与万用表测量的阻值误差原因:

(5) 按图1-1接线,调节直流稳压电源的输出电压$U$,从0伏开始缓慢地增加,一直到10伏,在表1-2中记下相应的电压表和电流表的读数。

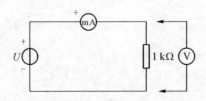

图1-1　电阻伏安特性测试接线图

(6) 按照图1-2接线,调节直流稳压电源的输出电压$U$,从0伏开始缓慢地增加,一直到10伏,在表1-2中记下相应的电压表和电流表的读数。

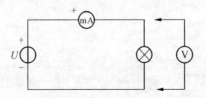

图1-2　小灯泡伏安特性测试接线图

**表 1-2　小灯泡伏安特性测试表**

| $U$(V) | 0 | 2 | 4 | 6 | 8 | 10 |
|---|---|---|---|---|---|---|
| 电阻 $I$(mA) | | | | | | |
| 小灯泡 $I$(mA) | | | | | | |

2. 二极管的极性判别及伏安特性

（1）取晶体二极管一个，用万用表测量其电阻值，并在表 1-3 中记录。

（2）将万用表表笔反向，再次测量其电阻值，并在表 1-3 中记录。

（3）根据两侧测量的电阻值判断二极管的正负极。

（4）并判断该二极管的好坏，说明理由。

**表 1-3　二极管极性判别表**

| $R_{ab}$ | $R_{ba}$ | 正极（填写 $a$ 或 $b$） | 负极（填写 $a$ 或 $b$） | 判断二极管好坏 |
|---|---|---|---|---|
| | | | | |

（5）按图 1-3 接线，$R$ 为限流电阻，测二极管 D 的正向导电性，其正向电流不得超过 25 mA，正向压降可在 0～0.75 V 之间取值。特别是在 0.5～0.75 间更应多取几个测量点，作反向特性实验时，只需将图 1-3 中的二极管 D 反接，且其反向电压可加到 10 V 左右。

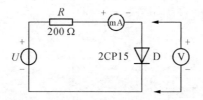

**图 1-3　二极管伏安特性测试接线图**

**表 1-4　正向特性实验数据**

| $U$(V) | 0 | 0.2 | 0.4 | 0.5 | 0.55 | 0.6 | 0.65 | 0.68 | 0.7 | 0.71 | 0.72 | 0.73 | 0.74 | |
|---|---|---|---|---|---|---|---|---|---|---|---|---|---|---|
| $I$(mA) | | | | | | | | | | | | | | 25 |

**表 1-5　反向特性实验数据**

| $U$(V) | 0 | 2 | 4 | 6 | 8 | 10 |
|---|---|---|---|---|---|---|
| $I$(mA) | | | | | | |

按照表 1-2、表 1-4、表 1-5 中数据，以电压为横坐标，以电流为纵坐标画电阻、小灯泡以及二极管的伏安特性图。（其中二极管和稳压管的正、反向特性均要求画在同一张图中，正、反向电压可取不同的比例尺）。

## 五、思考题

(1) 简述电阻、小灯泡、二极管各个元器件的特性。

(2) 总结万用表使用基本方法及注意事项。

(3) 本次实验的心得体会。

# 实验二 常用电子仪器的使用

班级＿＿＿＿ 学号＿＿＿＿ 姓名＿＿＿＿ 成绩＿＿＿＿

## 一、实验目的

（1）学习电子电路实验中常用的电子仪器——示波器、函数信号发生器、直流稳压电源、交流毫伏表、频率计等的主要技术指标、性能及正确使用方法。

（2）初步掌握用双踪示波器观察正弦信号波形和读取波形参数的方法。

## 二、实验原理

### 三、实验设备与器件

函数信号发生器、双踪示波器、交流毫伏表。

### 四、实验内容

1. 用机内校正信号对示波器进行自检。

(1) 扫描基线调节。

将示波器的显示方式开关置于"单踪"显示（$Y_1$ 或 $Y_2$），输入耦合方式开关置"GND"，触发方式开关置"自动"。开启电源开关后，调节"辉度"、"聚焦"、"辅助聚焦"等旋钮，使荧光屏上显示一条细而且亮度适中的扫描基线。然后调节"$X$ 轴位移"（⇌）和"$Y$ 轴位移"（↕）旋钮，使扫描线位于屏幕中央，并且能上下左右移动自如。

(2) 测试"校正信号"波形的幅度、频率。

将示波器的"校正信号"通过专用电缆线引入选定的 $Y$ 通道（$Y_1$ 或 $Y_2$），将 $Y$ 轴输入耦合方式开关置于"AC"或"DC"，触发源选择开关置"内"，内触发源选择开关置"$Y_1$"或"$Y_2$"。调节 $X$ 轴"扫描速率"开关（$t/\mathrm{div}$）和 $Y$ 轴"输入灵敏度"开关（$V/\mathrm{div}$），使示波器显示屏上显示出一个或数个周期稳定的方波波形。

① 校准"校正信号"幅度。

将"$Y$ 轴灵敏度微调"旋钮置"校准"位置，"$Y$ 轴灵敏度"开关置适当位置，读取校正信号幅度，记入表 2 - 1。

注：不同型号示波器标准值有所不同，请按所使用示波器将标准值填入表格中。

② 校准"校正信号"频率。

将"扫速微调"旋钮置"校准"位置，"扫速"开关置适当位置，读取校正信号周期，记入表 2 - 1。

③ 测量"校正信号"的上升时间和下降时间。

调节"$Y$ 轴灵敏度"开关及微调旋钮，并移动波形，使方波波形在垂直方向上正好占据中心轴上，且上、下对称，便于阅读。通过扫速开关逐级提高扫描速度，使波形在 $X$ 轴方向扩展（必要时可以利用"扫速扩展"开关将波形再扩展 10 倍），并同时调节触发电平旋钮，从显示屏上清楚的读出上升时间和下降时间，记入表 1 - 6。

表 1 - 6　测试结果

| | 标　准　值 | 实　测　值 |
|---|---|---|
| 幅度 $U_{\mathrm{p-p}}$（V） | 0.5 V | |
| 频率 $f$（kHz） | 1 kHz | |
| 上升沿时间 $\mu$S | $\leqslant 2$ uS | |
| 下降沿时间 $\mu$S | $\leqslant 2$ uS | |

2. TTL 脉冲信号测量

从函数发生器的 TTL 输出口接出一个 TTL 脉冲信号到示波器的输入端，示波器探头的衰减为"×1"。并记录每个实验的波形,测量结果记录在表1-7中。

画出TTL脉冲信号波形图。

**表1-7　脉冲信号测试结果**

| 信号源 | | 示波器探头 | 示波器测量结果 | | | | |
|---|---|---|---|---|---|---|---|
| 频率(Hz) | 占空比(%) | 衰减 | 峰峰值 | 高电平电压 | 低电平电压 | 周期 | 频率 |
| 10×10³ | 50 | "×1" | | | | | |
| 1×10⁶ | 50 | "×1" | | | | | |
| 频率 | 占空比 | 衰减 | 正脉宽 | 负脉宽 | 占空比(%) | 上升时间 | 下降时间 |
| 10×10³ | 50 | "×1" | | | | | |
| 1×10⁶ | 50 | "×1" | | | | | |

3. 用示波器和交流毫伏表测量信号参数

调节函数信号发生器有关旋钮,使输出频率分别为100 Hz、1 kHz、10 kHz、100 kHz,有效值均为1 V(交流毫伏表测量值)的正弦波信号。

改变示波器"扫速"开关及"Y轴灵敏度"开关的位置,测量信号源输出电压频率及峰峰值,记入表1-8。

画出正弦波信号波形图。

**表1-8　正弦信号测试结果**

| 信号电压频率 | 示波器测量值 | | 信号电压毫伏表读数(V) | 示波器测量值 | |
|---|---|---|---|---|---|
| | 周期(ms) | 频率(Hz) | | 峰峰值(V) | 有效值(V) |
| 100 Hz | | | | | |
| 1 kHz | | | | | |
| 10 kHz | | | | | |
| 100 kHz | | | | | |

## 五、思考题

（1）函数信号发生器有哪几种输出波形？它的输出端能否短接？

（2）交流毫伏表是用来测量正弦波电压还是非正弦波电压？它的表头指示值是被测信号的什么数值？它是否可以用来测量直流电压的大小？

（3）本次实验的心得体会。

# 实验三　电子电路实训

班级_____　学号_____　姓名_____　成绩_____

## 一、实验目的

（1）掌握电子器件的检测、焊接、组装等基本工艺和操作技能。
（2）掌握电烙铁的使用与保养。
（3）掌握手工焊接步骤与要领。
（4）掌握焊点质量标准。

## 二、实验原理

## 三、实验仪器

电烙铁、焊锡、海绵、松香、电阻电容若干、导线若干。

## 四、实验内容

根据电路图组装一个万用表。

## 五、思考题

(1) 总结焊接的步骤及焊接时应注意的问题。

(2) 调节电路时出现的问题及解决方法。

# 项目二　电路分析实验

## 实验一　基本仪表测量误差的计算及减小测量误差的方法

　　　　班级＿＿＿＿＿　学号＿＿＿＿＿　姓名＿＿＿＿＿　成绩＿＿＿＿＿

### 一、实验目的

（1）掌握指针式电压表、电流表内阻的测量方法。

（2）熟悉电工仪表测量误差的计算方法。

（3）掌握减小因仪表内阻所引起的测量误差的方法。

### 二、实验原理

### 三、实验设备

可调直流稳压电源、可调恒流源、指针式万用表、可调电阻箱、电阻器等。

### 四、实验内容

(1) 根据"分流法"原理测定指针式万用表(MF-47型或其他型号)直流电流0.5 mA和5 mA 档的内阻。线路如图2-1所示。测量数据填入表2-1中。

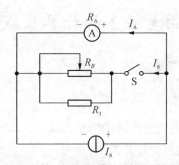

图 2-1　分流法测量电流表的内阻

表 2-1　分流法测电流表内阻数据表

| 被测电流表量限/mA | S断开时的表读数/mA | S闭合时的表读数/mA | $R_B/\Omega$ | $R_1/\Omega$ | 计算内阻 $R_A/\Omega$ |
|---|---|---|---|---|---|
| 0.5 | | | | | |
| 5 | | | | | |

(2) 根据"分压法"原理按图2-2接线,测定指针式万用表直流电压2.5 V和10 V档量限的内阻。测量数据填入表2-2中。

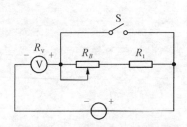

图 2-2　分压法测量电压表的内阻

表 2-2　分压法测电压表内阻数据表

| 被测电压表量限/ V | S闭合时表读数/ V | S断开时表读数/ V | $R_B$ / k$\Omega$ | $R_1$ / k$\Omega$ | 计算内阻 $R_V$/ k$\Omega$ | S ($\Omega$/V) |
|---|---|---|---|---|---|---|
| 2.5 | | | | | | |
| 10 | | | | | | |

（3）用指针式万用表直流电压 10 V 档量程测量图 2-3 电路中 $R_1$ 上的电压 $U'_{R1}$ 之值，并计算测量的绝对误差与相对误差。数据填入表 2-3 中。

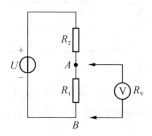

**图 2-3　误差计算示例电路**

**表 2-3　误差计算示例电路数据表**

| $U$ | $R_2$ | $R_1$ | $R_{10\,V}$ / kΩ | 计算值 $U_{R1}$ /V | 实测值 $U'_{R1}$ /V | 绝对误差 $\Delta U$ | 相对误差 $\Delta U/U \times 100\%$ |
|---|---|---|---|---|---|---|---|
| 12 V | 10 kΩ | 50 kΩ | | | | | |

（4）双量限电压表两次测量法。

按图 2-4 电路，直流稳压电源取 $U_S = 2.5$ V，$R_0$ 选用 50 kΩ。用指针式万用表的直流电压 2.5 V 和 10 V 两档量限进行两次测量，最后算出开路电压 $U'_0$ 之值。数据填入表 2-4 中，$R_{2.5\,V}$ 和 $R_{10\,V}$ 参照（2）的结果。

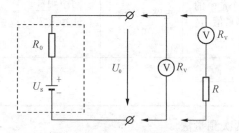

**图 2-4　同一量限两次测量电压测量图**

**表 2-4　双量限电压表两次测量法数据表**

| 万用表电压量限/V | 内阻值 / kΩ | 两个量限的测量值 U/V | 电路计算值 $U_0$/V | 两次测量计算值 $U'_0$/V | U 的相对误差值/% | $U'_0$ 的相对误差/% |
|---|---|---|---|---|---|---|
| 2.5 | | | | | | |
| 10 | | | | | | |

（5）单量限电压表两次测量法。

按图 2-4 电路，先用上述万用表直流电压 2.5 V 量限档直接测量，得 $U_1$。然后串接 $R = 10$ kΩ 的电阻再一次测量，得 $U_2$。计算开路电压 $U'_0$ 之值。数据填入表 2-5 中。

表 2-5　单量限电压表两次测量法数据表

| 实际计算值 | 两次测量值 | | 测量计算值 | $U_1$ 的相对误差/% | $U_0'$ 的相对误差/% |
|---|---|---|---|---|---|
| $U_0$ /V | $U_1$ /V | $U_2$ /V | $U_0'$ /V | | |
| | | | | | |

(6) 双量限电流表两次测量法。

按图 2-5 线路进行实验,$U_S = 0.3$ V,$R = 300$ Ω,用万用表 0.5 mA 和 5 mA 两档电流量限进行两次测量,计算出电路的电流值 $I'$。数据填入表 2-6 中,$R_{0.5\,mA}$ 和 $R_{5\,mA}$ 参照 (1)的结果。

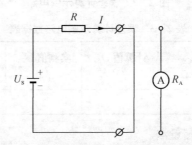

图 2-5　不同量限两次测量电流测量电路

表 2-6　双量限电流表两次测量法数据表

| 万用表电流量限/mA | 内阻值/Ω | 两个量限的测量值 $I_1$ /mA | 电路计算值 $I$ (mA) | 两次测量计算值 $I'$ /mA | $I_1$ 的相对误差/% | $I'$ 的相对误差/% |
|---|---|---|---|---|---|---|
| 0.5 | | | | | | |
| 5 | | | | | | |

(7) 单量限电流表两次测量法。

按图 2-5 线路进行实验,先用万用表 0.5 mA 电流量限直接测量,得 $I_1$。再串联附加电阻 $R = 30$ Ω 进行第二次测量,得 $I_2$。求出电路中的实际电流 $I'$ 之值。测算数据填入表 2-7 中。

表 2-7　单量限电流表两次测量法数据表

| 实际计算值 $I$ /mA | 两次测量值 | | 测量计算值 $I'$ /mA | $I_1$ 的相对误差/% | $I'$ 的相对误差/% |
|---|---|---|---|---|---|
| | $I_1$ /mA | $I_2$ /mA | | | |
| | | | | | |

## 五、思考题

（1）根据实验内容 1 和 2，若已求出 0.5 mA 档和 2.5 V 档的内阻，可否直接计算得出 5 mA 档和 10 V 档的内阻？

（2）用量程为 10 A 的电流表测实际值为 8 A 的电流时，实际读数为 8.1 A，求测量的绝对误差和相对误差。

## 六、参数计算、数据分析与处理

根据记录实验数据，计算各被测仪表的内阻值。

## 七、实验归纳与总结

1. 归纳、总结实验结果。

2. 心得体会及其他。

# 实验二　电路元件伏安特性的测绘

班级_____　学号_____　姓名_____　成绩_____

## 一、实验目的

（1）学会识别常用电路元件的方法。
（2）掌握线性电阻、非线性电阻元件伏安特性的测绘。
（3）掌握直流电工仪表和设备的使用方法。

## 二、实验原理

### 三、实验设备

可调直流稳压电源、万用表、直流数字毫安表、直流数字电压表、二极管、稳压管、白炽灯、线性电阻器等。

### 四、实验内容

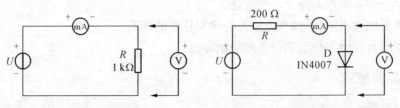

图2-6　电阻伏安特性测定电路　　　图2-7　二极管伏安特性测定电路

1. 测定线性电阻的伏安特性

按图2-6接线,调节稳压电源的输出电压$U$,从0V开始缓慢地增加,一直到10 V,记录电压$U_R$和电流$I$的值。测量数据填入表2-8中。

表2-8　线性电阻伏安特性测定数据表

| $U_R$/V | 0 | 2 | 4 | 6 | 8 | 10 |
|---|---|---|---|---|---|---|
| $I$/mA | | | | | | |

2. 测定非线性白炽灯泡的伏安特性

将图2-6中的$R$换成一只12 V,0.1 A的灯泡,重复1步骤。$U_L$为灯泡的端电压。测量数据填入表2-9中。

表2-9　非线性白炽灯泡伏安特性测定数据表

| $U_L$/V | 0.1 | 0.5 | 1 | 2 | 3 | 4 | 5 |
|---|---|---|---|---|---|---|---|
| $I$/mA | | | | | | | |

3. 测定半导体二极管的伏安特性

按图2-7接线,$R$为限流电阻器。测二极管的正向特性时,其正向电流不得超过35 mA,二极管D的正向施压$U_{D+}$可在0~0.75 V之间取值。在0.5~0.75 V之间应多取几个测量点。测反向特性时,只需将图2-7中的二极管D反接,且其反向施压$U_{D-}$可达30 V。测量数据分别填入表2-10、表2-11中。

表2-10　半导体二极管伏安特性正向特性数据表

| $U_{D+}$/V | 0.10 | 0.30 | 0.50 | 0.55 | 0.60 | 0.65 | 0.70 | 0.75 |
|---|---|---|---|---|---|---|---|---|
| $I$/mA | | | | | | | | |

表 2 - 11　半导体二极管伏安特性反向特性数据表

| $U_{D-}/V$ | 0 | -5 | -10 | -15 | -20 | -25 | -30 |
|---|---|---|---|---|---|---|---|
| $I/mA$ | | | | | | | |

4. 测定稳压二极管的伏安特性

(1) 正向特性实验：将图 2 - 7 中的二极管换成稳压二极管 2CW51，重复实验内容 3 中的正向测量。$U_{Z+}$ 为 2CW51 的正向施压。测量数据分别填入表 2 - 12 中。

表 2 - 12　稳压二极管伏安特性正向特性数据表

| $U_{Z+}/V$ | | | | | | | |
|---|---|---|---|---|---|---|---|
| $I/mA$ | | | | | | | |

(2) 反向特性实验：将图 2 - 7 中的 $R$ 换成 1 kΩ，2CW51 反接，测量 2CW51 的反向特性。稳压电源的输出电压 $U_0$ 从 0～20 V，测量 2CW51 二端的电压 $U_{Z-}$ 及电流 $I$，由 $U_{Z-}$ 可看出其稳压特性。测量数据分别填入表 2 - 13 中。

表 2 - 13　稳压二极管伏安特性反向特性数据表

| $U_0/V$ | | | | | | | |
|---|---|---|---|---|---|---|---|
| $U_{Z-}/V$ | | | | | | | |
| $I/mA$ | | | | | | | |

## 五、思考题

(1) 线性电阻与非线性电阻的概念是什么？电阻器与二极管的伏安特性有何区别？

(2) 设某器件伏安特性曲线的函数式为 $I = f(U)$，试问在逐点绘制曲线时，其坐标变量应如何放置？

（3）稳压二极管与普通二极管有何区别,其用途如何?

（4）在图 2-7 中,设 $U=2\ V$,$U_{D+}=0.7\ V$,则电流表读数为多少?

## 六、参数计算、数据分析与处理

（1）根据实验数据,分别在方格纸上绘制出光滑的伏安特性曲线。(其中二极管和稳压管的正、反向特性均要求画在同一张图中,正、反向电压可取为不同的比例尺)。

（2）误差原因分析。

## 七、实验归纳与总结

1. 归纳、总结实验结果。

2. 心得体会及其他。

# 实验三　基尔霍夫定律的验证

班级＿＿＿＿＿　学号＿＿＿＿＿　姓名＿＿＿＿＿　成绩＿＿＿＿＿

## 一、实验目的

（1）验证基尔霍夫定律的正确性，加深对基尔霍夫定律的理解。
（2）学会用电流插头、插座测量各支路电流。

## 二、实验原理

### 三、实验设备

直流可调稳压电源、数字万用表、直流数字电压表、直流数字毫安表、基尔霍夫定律实验线路板等。

### 四、实验内容

实验线路如图 2-8 所示。三条支路电流 $I_1$、$I_2$、$I_3$ 的方向及结点标记已设定。测量时按相应标记记录于表 2-14 中。

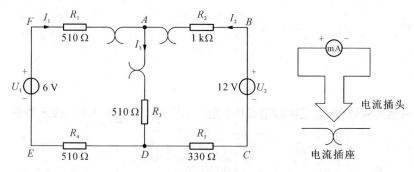

**图 2-8　基尔霍夫定律验证实验线路图**

**表 2-14　基尔霍夫定律验证测量数据表**

| 被测量 | $I_1$/mA | $I_2$/mA | $I_3$/mA | $U_1$/V | $U_2$/V | $U_{EA}$/V | $U_{AD}$/V | $U_{DE}$/V | $U_{AB}$/V | $U_{CD}$/V |
|---|---|---|---|---|---|---|---|---|---|---|
| 计算值 | | | | | | | | | | |
| 测量值 | | | | | | | | | | |
| 相对误差 | | | | | | | | | | |

### 五、思考题

实验中,若用指针式万用表直流毫安档测各支路电流,在什么情况下可能出现指针反偏,应如何处理? 在记录数据时应注意什么? 若用直流数字毫安表测量如何显示?

## 六、参数计算、数据分析与处理

(1) 根据实验数据,选定节点 $A$,验证 KCL 的正确性。

(2) 根据实验数据,选定实验电路中的任一闭合回路,验证 KVL 的正确性。

(3) 误差原因分析。

## 七、实验归纳与总结

1. 归纳、总结实验结果。

2. 心得体会及其他。

## 实验四　叠加原理的验证

班级_____　学号_____　姓名_____　成绩_____

### 一、实验目的

验证线性电路叠加原理的正确性,加深对线性电路的叠加性和齐次性的认识和理解。

### 二、实验原理

### 三、实验设备

直流稳压电源、数字万用表、直流数字电压表、直流数字毫安表、叠加定理实验线路板等。

### 四、实验内容

实验线路如图 2-9 所示。

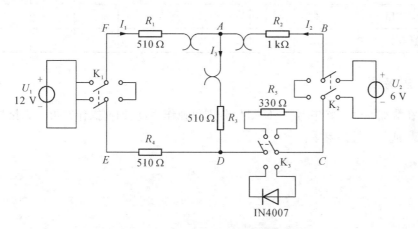

**图 2-9　叠加定理验证实验线路图**

(1) 将两路稳压源的输出分别调节为 12 V 和 6 V，接入 $U_1$ 和 $U_2$ 处。

(2) 令 $U_1$ 电源单独作用（将开关 $K_1$ 投向 $U_1$ 侧，开关 $K_2$ 投向短路侧）。用直流数字电压表和毫安表测量各支路电流及各电阻元件两端的电压，测量数据填入表 2-15 中。

(3) 令 $U_2$ 电源单独作用（将开关 $K_1$ 投向短路侧，开关 $K_2$ 投向 $U_2$ 侧），用直流数字电压表和毫安表测量各支路电流及各电阻元件两端的电压，测量数据填入表 2-15 中。

(4) 令 $U_1$ 和 $U_2$ 共同作用（开关 $K_1$ 和 $K_2$ 分别投向 $U_1$ 和 $U_2$ 侧），用直流数字电压表和毫安表测量各支路电流及各电阻元件两端的电压，测量数据填入表 2-15 中。

(5) 将 $U_2$ 的数值调至 +12 V，用直流数字电压表和毫安表测量各支路电流及各电阻元件两端的电压，测量数据填入表 2-15 中。

**表 2-15　叠加定理验证测量数据表（线性电阻电路）**

| 测量项目<br>实验内容 | $U_1$/V | $U_2$/V | $I_1$/mA | $I_2$/mA | $I_3$/mA | $U_{AB}$/V | $U_{CD}$/V | $U_{AD}$/V | $U_{DE}$/V | $U_{FA}$/V |
|---|---|---|---|---|---|---|---|---|---|---|
| $U_1$ 单独作用 | 12 | 0 | | | | | | | | |
| $U_2$ 单独作用 | 0 | 6 | | | | | | | | |
| $U_1$、$U_2$ 共同作用 | 12 | 6 | | | | | | | | |
| $2U_2$ 单独作用 | 0 | 12 | | | | | | | | |

(6) 将 $R_5$（330 Ω）换成二极管 IN4007（即将开关 $K_3$ 投向二极管 IN4007 侧），重复 1~5

的测量过程,测量数据记录于表 2-16 中。

表 2-16　叠加定理验证测量数据表(含非线性元件电路)

| 测量项目<br>实验内容 | $U_1$<br>/V | $U_2$<br>/V | $I_1$<br>/mA | $I_2$<br>/mA | $I_3$<br>/mA | $U_{AB}$<br>/V | $U_{CD}$<br>/V | $U_{AD}$<br>/V | $U_{DE}$<br>/V | $U_{FA}$<br>/V |
|---|---|---|---|---|---|---|---|---|---|---|
| $U_1$ 单独作用 | 12 | 0 | | | | | | | | |
| $U_2$ 单独作用 | 0 | 6 | | | | | | | | |
| $U_1$、$U_2$ 共同作用 | 12 | 6 | | | | | | | | |
| $2U_2$ 单独作用 | 0 | 12 | | | | | | | | |

## 五、思考题

(1) 在叠加原理实验中,要令 $U_1$、$U_2$ 分别单独作用,应如何操作? 可否直接将不作用的电源($U_1$ 或 $U_2$)短接置零?

(2) 实验电路中,若有一个电阻改为二极管,试问叠加原理的迭加性与齐次性还成立吗? 为什么?

(3) 各电阻器所消耗的功率能否用叠加定理计算得出? 试用上述实验数据,进行计算并作结论。

## 六、参数计算、数据分析与处理

（1）根据表 2-15 数据，进行分析、比较，验证线性电路的叠加性与齐次性。

（2）分析表 2-16 的数据，验证叠加原理是否成立。

（3）误差原因分析。

## 七、实验归纳与总结

（1）归纳、总结实验结果。

（2）心得体会及其他。

# 实验五　戴维南定理和诺顿定理的验证
## ——有源二端网络等效参数的测定

班级_____　学号_____　姓名_____　成绩_____

## 一、实验目的

（1）验证戴维南定理和诺顿定理的正确性，加深对定理的理解。

（2）掌握有源二端网络等效参数测量的一般方法。

（3）验证线性有源二端网络的最大功率传输定理。

## 二、实验原理

### 三、实验设备

可调直流稳压电源、可调直流恒流源、直流数字电压表、直流数字毫安表、万用表、可调电阻箱、电位器、戴维南定理实验线路板等。

### 四、实验内容

实验线路图如图 2-10 所示。

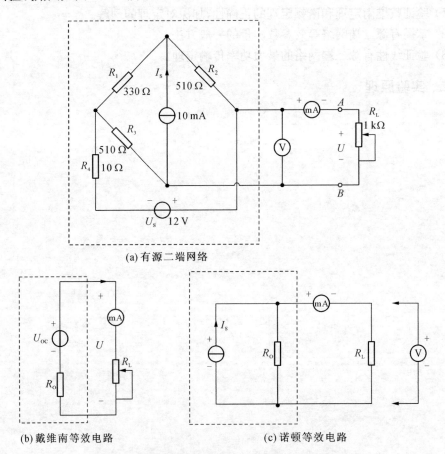

(a) 有源二端网络

(b) 戴维南等效电路          (c) 诺顿等效电路

**图 2-10   验证戴维南定理、诺顿定理实验线路图**

被测有源二端网络如图 2-10(a)。

**1. 开路电压、短路电流法测定有源二端网络参数**

用开路电压、短路电流法测定戴维南等效电路的 $U_{OC}$、$R_{eq}$ 和诺顿等效电路的 $I_{SC}$、$R_{eq}$。按图 2-10(a)接入稳压电源 $U_S = 12$ V 和恒流源 $I_S = 10$ mA。测出 $U_{OC}$ 和 $I_{SC}$，并计算出 $R_{eq}$。测算数据记录于表 2-17 中。

**表 2 - 17　有源二端网络参数测算数据表**

| $U_{OC}/V$ | $I_{SC}/mA$ | $R_{eq}=U_{OC}/I_{SC}/\Omega$ |
|---|---|---|
|  |  |  |

## 2. 有源线性二端网络的外特性

按图 2 - 10(a)接入 $R_L$。改变 $R_L$ 阻值,测量有源二端网络的外特性曲线。测量数据记录于表 2 - 18 中。

**表 2 - 18　有源线性二端网络的外特性测量数据表**

| $R_L/\Omega$ | 0 | 100 | 200 | 400 | $R_{eq}$ | 600 | 800 | 1 k | 2 k | 5 k | $\infty$ |
|---|---|---|---|---|---|---|---|---|---|---|---|
| $U/V$ |  |  |  |  |  |  |  |  |  |  |  |
| $I/mA$ |  |  |  |  |  |  |  |  |  |  |  |

## 3. 验证戴维南定理

搭建戴维南等效电路,如图 2 - 10(b)所示,测量数据记录于表 2 - 19 中。对戴维南定理进行验证。

**表 2 - 19　戴维南等效电路外特性数据表**

| $R_L/\Omega$ | 0 | 100 | 200 | 400 | $R_{eq}$ | 600 | 800 | 1 k | 2 k | 5 k | $\infty$ |
|---|---|---|---|---|---|---|---|---|---|---|---|
| $U/V$ |  |  |  |  |  |  |  |  |  |  |  |
| $I/mA$ |  |  |  |  |  |  |  |  |  |  |  |

## 4. 验证诺顿定理

搭建诺顿等效电路,如图 2 - 10(c)所示,测量数据记录于表 2 - 20 中。对诺顿定理进行验证。

**表 2 - 20　诺顿等效电路外特性数据表**

| $R_L(\Omega)$ | 0 | 100 | 200 | 400 | $R_{eq}$ | 600 | 800 | 1 k | 2 k | 5 k | $\infty$ |
|---|---|---|---|---|---|---|---|---|---|---|---|
| $U(V)$ |  |  |  |  |  |  |  |  |  |  |  |
| $I(mA)$ |  |  |  |  |  |  |  |  |  |  |  |

## 5. 最大功率传输定理的验证

选择 2 所得数据(表 2 - 18 中数据),计算 $R_L$ 的功率,记录于表 2 - 21 中。验证最大功率传输定理。

**表 2 - 21　验证最大功率传输定理数据表**

| $R_L/\Omega$ | 0 | 100 | 200 | 400 | $R_{eq}$ | 600 | 800 | 1 k | 2 k | 5 k | $\infty$ |
|---|---|---|---|---|---|---|---|---|---|---|---|
| $P/W$ |  |  |  |  |  |  |  |  |  |  |  |

## 五、思考题

（1）在求戴维南或诺顿等效电路时，作短路实验，测 $I_{sc}$ 的条件是什么？在本实验中可否直接作负载短路实验？

（2）说明测有源二端网络开路电压及等效内阻的几种方法，并比较其优缺点。

## 六、参数计算、数据分析与处理

（1）根据实验内容 2—4 所测数据，分别绘出曲线，验证戴维南定理和诺顿定理的正确性。

（2）根据表 2-21 数据，验证最大功率传输定理的正确性。

（3）误差原因分析。

## 七、实验归纳与总结

（1）归纳、总结实验结果。

（2）心得体会及其他。

## 实验六　受控源　　　　　　　　　　　的实验研究

班级_____　学号_____　姓名_____　成绩_____

### 一、实验目的

（1）通过测试受控源的外特性及其转移参数，进一步理解受控源的物理概念。

（2）加深对受控源的认识和理解。

### 二、实验原理

### 三、实验设备

直流可调稳压源、可调恒流源、直流数字电压表、直流数字毫安表、可变电阻箱、受控源实验线路板等。

### 四、实验内容

实验线路图如图 2-11 所示。

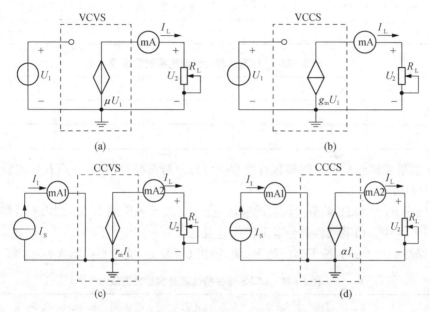

图 2-11　四种受控源特性参数测定实验线路图

（1）测量受控源 VCVS 的转移特性 $U_2 = f(U_1)$ 及负载特性 $U_2 = f(I_L)$，实验线路图如图 2-11(a)所示。

① 不接电流表，固定 $R_L = 2\ \text{k}\Omega$，调节稳压电源输出电压 $U_1$，测量 $U_1$ 及相应的 $U_2$ 值，测量数据填入表 2-22 中。在线性部分求出转移电压比 $\mu$。

② 接入电流表，保持 $U_1 = 2\ \text{V}$，调节 $R_L$ 可变电阻箱的阻值，测 $U_2$ 及 $I_L$。测量数据填入表 2-23 中。

表 2-22　VCVS 转移特性测算实验数据表

| $U_1/\text{V}$ | 0 | 1 | 2 | 3 | 5 | 7 | 8 | 9 | $\mu$ |
|---|---|---|---|---|---|---|---|---|---|
| $U_2/\text{V}$ | | | | | | | | | |

表 2-23　VCVS 负载特性测定实验数据表

| $R_L/\Omega$ | 50 | 70 | 100 | 200 | 300 | 400 | 500 | $\infty$ |
|---|---|---|---|---|---|---|---|---|
| $U_2/\text{V}$ | | | | | | | | |
| $I_L/\text{mA}$ | | | | | | | | |

(2) 测量受控源 VCCS 的转移特性 $I_L = f(U_1)$ 及负载特性 $I_L = f(U_2)$,实验线路如图 2-11(b)所示。

① 固定 $R_L = 2\text{ k}\Omega$,调节稳压电源的输出电压 $U_1$,测出相应的 $I_L$ 值,测量数据填入表 2-24 中。并由其线性部分求出转移电导 $g_m$。

② 保持 $U_1 = 2\text{ V}$,令 $R_L$ 从大到小变化,测出相应的 $I_L$ 及 $U_2$,测量数据填入表 2-25 中。

**表 2-24　VCCS 转移特性测算实验数据表**

| $U_1/\text{V}$ | 0.1 | 0.5 | 1.0 | 2.0 | 3.0 | 3.5 | 3.7 | 4.0 | $g_m$ |
|---|---|---|---|---|---|---|---|---|---|
| $I_L/\text{mA}$ | | | | | | | | | |

**表 2-25　VCCS 负载特性测定实验数据表**

| $R_L/\text{K}\Omega$ | 50 | 20 | 10 | 8 | 7 | 6 | 5 | 4 | 2 | 1 |
|---|---|---|---|---|---|---|---|---|---|---|
| $I_L/\text{mA}$ | | | | | | | | | | |
| $U_2/\text{V}$ | | | | | | | | | | |

(3) 测量受控源 CCVS 的转移特性 $U_2 = f(I_1)$ 与负载特性 $U_2 = f(I_L)$,实验线路如图 2-11(c)所示。

① 固定 $R_L = 2\text{ k}\Omega$,调节恒流源的输出电流 $I_1$,按下表所列 $I_1$ 值,测出 $U_2$,测量数据填入表 2-26 中。由其线性部分求出转移电阻 $r_m$。

② 保持 $I_1 = 2\text{ mA}$,按下表所列 $R_L$ 值,测出 $U_2$ 及 $I_L$,测量数据填入表 2-27 中。

**表 2-26　CCVS 转移特性测算实验数据表**

| $I_1/\text{mA}$ | 0.1 | 1.0 | 3.0 | 5.0 | 7.0 | 8.0 | 9.0 | 9.5 | $r_m$ |
|---|---|---|---|---|---|---|---|---|---|
| $U_2/\text{V}$ | | | | | | | | | |

**表 2-27　CCVS 负载特性测定实验数据表**

| $R_L/\text{k}\Omega$ | 0.5 | 1 | 2 | 4 | 6 | 8 | 10 |
|---|---|---|---|---|---|---|---|
| $U_2/\text{V}$ | | | | | | | |
| $I_L/\text{mA}$ | | | | | | | |

(4) 测量受控源 CCCS 的转移特性 $I_2 = f(I_1)$ 及负载特性 $I_2 = f(U_2)$,实验线路如图 2-11(d)所示。

① 固定 $R_L = 2\text{ k}\Omega$,调节恒流源的输出电流 $I_1$,按下表所列 $I_1$ 值,测出 $I_L$,测量数据填入表 2-28 中。由其线性部分求出转移电流比 $\alpha$。

② 保持 $I_1 = 1\text{ mA}$,令 $R_L$ 为下表所列值,测出 $I_L$,测量数据填入表 2-29 中。

**表 2-28　CCCS 转移特性测算实验数据表**

| $I_1(\text{mA})$ | 0.1 | 0.2 | 0.5 | 1 | 1.5 | 2 | 2.2 | $\alpha$ |
|---|---|---|---|---|---|---|---|---|
| $I_L(\text{mA})$ | | | | | | | | |

**表 2-29　CCCS 负载特性测定实验数据表**

| $R_L/k\Omega$ | 0 | 0.1 | 0.5 | 1 | 2 | 5 | 10 | 20 | 30 | 80 |
|---|---|---|---|---|---|---|---|---|---|---|
| $I_L/mA$ | | | | | | | | | | |
| $U_2/V$ | | | | | | | | | | |

## 五、思考题

（1）四种受控源中的 $r_m$、$g_m$、$\alpha$ 和 $\mu$ 的意义是什么？如何测得？

（2）若受控源控制量的极性反向，试问其输出极性是否发生变化？

（3）受控源的控制特性是否适合于交流信号？

（4）如何由两个基本的 CCVS 和 VCCS 获得其他两个 CCCS 和 VCVS，它们的输入输出如何连接？

## 六、参数计算、数据分析与处理

（1）根据实验数据，求出相应的转移参量。

（2）根据实验数据，在方格纸上分别绘出四种受控源的转移特性和负载特性曲线，并求出相应的转移参量。

（3）误差原因分析。

## 七、实验归纳与总结

（1）归纳、总结实验结果。

（2）心得体会及其他。

# 实验七　　　一阶电路的响应测试

班级＿＿＿＿＿　学号＿＿＿＿＿　姓名＿＿＿＿＿　成绩＿＿＿＿＿

## 一、实验目的

（1）测定一阶 $RC$ 电路的零输入响应、零状态响应及全响应。

（2）学习电路时间常数的测量方法。

（3）掌握有关微分电路和积分电路的概念。

（4）进一步学会用示波器观测波形。

## 二、实验原理

### 三、实验设备

函数信号发生器、双踪示波器、动态电路实验线路板等。

### 四、实验内容

动态电路实验线路板如图 2－12 所示，请认清 $R$、$C$ 元件标称值，各开关的通断位置等，按实验要求正确选择元器件。

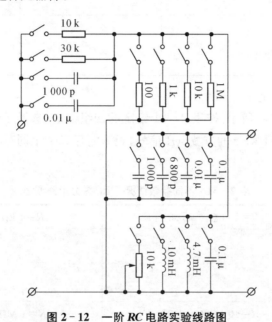

**图 2－12　一阶 *RC* 电路实验线路图**

微分电路与积分电路如图 2－12 所示。

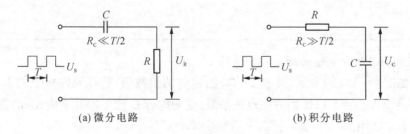

(a) 微分电路　　　　　　　　　　　　(b) 积分电路

**图 2－13　微分电路与积分电路**

1. 观测一阶 $RC$ 电路充、放电过程及时间常数 $\tau$ 的测定

按表 2－30 给定的两组数值，选择实验线路板上的 $R$、$C$ 元件。激励取 $U_m=3\ V$、$f=1\ kHz$ 的方波电压信号，用双踪示波器同时观测激励 $u_s$ 与响应 $u_c$ 的变化规律，测算出时间常数 $\tau$，测算数据及波形记录于表 2－30 中。

表 2‑30　不同参数时 RC 电路充、放电过程及 $\tau$ 的测算

| 参数 | | $R=10\ \text{k}\Omega, C=3\ 300\ \text{pF}$ | $R=10\ \text{k}\Omega, C=0.1\ \mu\text{F}$ |
|---|---|---|---|
| 时间常数 $\tau(\mu\text{s})$ | 计算值 | | |
| | 实测值 | | |
| 实测波形 | | | |
| | | | |

**2. 观测 RC 微分电路的响应**

电路如图 2‑13(a)所示,按表 2‑31 给定的四组数值,选择元件板上的 R、C 元件。激励取 $U_\text{m}=3\ \text{V}$、$f=1\ \text{kHz}$ 的方波电压信号,观测电容 C 值不同对响应 $u_R$ 的影响,波形记录于表 2‑31 中。

表 2‑31　不同参数情况下 RC 微分电路波形

| 参数 | $R=100\ \Omega, C=0.01\ \mu\text{F}$ | $R=1\ \text{k}\Omega, C=0.01\ \mu\text{F}$ |
|---|---|---|
| 实测波形 | | |
| | $R=10\ \text{k}\Omega, C=0.01\ \mu\text{F}$ | $R=1\ \text{M}\Omega, C=0.01\ \mu\text{F}$ |
| | | |

**3. 观测 RC 积分电路的响应**

电路如图 2‑13(b)所示,按表 2‑32 给定的两组数值,选择元件板上的 R、C 元件。激励取 $U_\text{m}=3\ \text{V}$、$f=1\ \text{kHz}$ 的方波电压信号,观测电容 C 值不同对响应 $u_C$ 的影响,波形记录于表 2‑32 中。

表 2‑32　不同参数情况下 RC 积分电路波形

| 参数 | $R=10\ \text{k}\Omega, C=0.1\ \mu\text{F}$ | $R=10\ \text{k}\Omega, C=0.2\ \mu\text{F}$ |
|---|---|---|
| 实测波形 | | |

## 五、思考题

(1) 什么样的电信号可作为一阶电路零输入响应、零状态响应和完全响应的激励源？

(2) 已知一阶 $RC$ 电路 $R=10\ \text{k}\Omega$, $C=0.1\ \mu\text{F}$, 试计算时间常数 $\tau$, 并根据 $\tau$ 值的物理意义, 拟定测量 $\tau$ 的方案。

(3) 何谓积分电路和微分电路, 它们必须具备什么条件？它们在方波序列脉冲的激励下, 其输出信号波形的变化规律如何？ 这两种电路有何功用？

## 六、参数计算、数据分析与处理

（1）根据实验观测结果，在方格纸上绘出一阶 $RC$ 电路充放电时 $u_c$ 的变化曲线，由曲线测得 $\tau$ 值。

（2）将曲线测得 $\tau$ 值与参数值的计算结果作比较，分析误差原因。

## 七、实验归纳与总结

（1）归纳、总结实验结果。

（2）心得体会及其他。

# 实验八　　　　　元件阻抗频率特性测定

班级＿＿＿＿＿　学号＿＿＿＿＿　姓名＿＿＿＿＿　成绩＿＿＿＿＿

## 一、实验目的

（1）验证电阻、感抗、容抗与频率的关系，测定 $R\sim f$、$X_L\sim f$ 及 $X_C\sim f$ 特性曲线。

（2）加深理解 $R$、$L$、$C$ 元件端电压与电流间的相位关系。

## 二、实验原理

## 三、实验设备

函数信号发生器,交流毫伏表,双踪示波器,频率计,实验线路元件等。

## 四、实验内容

元件阻抗频率特性的测量电路如图 2-14 所示。

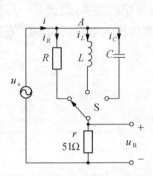

**图 2-14  元件阻抗频率特性测量电路**

1. 测量 $R$、$L$、$C$ 元件的阻抗频率特性

实验线路如图 2-14 所示,函数信号发生器输出正弦电压作为激励,有效值为 $U = 3$ V,并在整个实验过程中保持不变。

开关 S 分别接通 $R$、$L$、$C$ 三个元件,改变信号源的输出频率,从 200 Hz 逐渐增至 5 kHz,用交流毫伏表测量 $U_r$,并计算各频率点时的 $I_R$、$I_L$ 和 $I_C$(即 $U_r/r$)以及 $R = U/I_R$、$X_L = U/I_L$ 及 $X_C = U/I_C$ 之值。分别填入表 2-33、表 2-34、表 2-35 中。

**表 2-33  R 元件阻抗频率特性数据表**

| 频率 $f/\mathrm{Hz}$ | | 200 | 400 | 600 | 1 k | 1.6 k | 2 k | 3 k | 4 k | 5 k |
|---|---|---|---|---|---|---|---|---|---|---|
| 测量值 | $U_R/\mathrm{V}$ | | | | | | | | | |
| | $U_r/\mathrm{V}$ | | | | | | | | | |
| 计算值 | $I_R/\mathrm{mA}$ | | | | | | | | | |
| | $R/\mathrm{k\Omega}$ | | | | | | | | | |

**表 2-34  L 元件阻抗频率特性数据表**

| 频率 $f/\mathrm{Hz}$ | | 200 | 400 | 600 | 1 k | 1.6 k | 2 k | 3 k | 4 k | 5 k |
|---|---|---|---|---|---|---|---|---|---|---|
| 测量值 | $U_L/\mathrm{V}$ | | | | | | | | | |
| | $U_r/\mathrm{V}$ | | | | | | | | | |
| 计算值 | $I_L/\mathrm{mA}$ | | | | | | | | | |
| | $X_L/\mathrm{k\Omega}$ | | | | | | | | | |

**表 2 - 35　C 元件阻抗频率特性数据表**

| 频率 $f$(Hz) | | 200 | 400 | 600 | 1 k | 1.6 k | 2 k | 3 k | 4 k | 5 k |
|---|---|---|---|---|---|---|---|---|---|---|
| 测量值 | $U_C$/V | | | | | | | | | |
| | $U_r$/V | | | | | | | | | |
| 计算值 | $I_C$/mA | | | | | | | | | |
| | $X_C$/kΩ | | | | | | | | | |

2. $L$、$C$ 元件的相频特性

实验线路如图 2 - 14 所示，用双踪示波器观察在不同频率下 $R$、$L$ 串联和 $R$、$C$ 串联电路阻抗角的变化情况，并计算 $\varphi$。测算数据填入表 2 - 36 中。

**表 2 - 36　$R$、$L$ 串联和 $R$、$C$ 串联电路相频特性数据表**

| | 频率 $f$/Hz | | 200 | 400 | 600 | 1 k | 1.6 k | 2 k | 3 k | 4 k | 5 k |
|---|---|---|---|---|---|---|---|---|---|---|---|
| $RL$ 串联 | 测量值 | $T$/ms | | | | | | | | | |
| | | $\tau$/ms | | | | | | | | | |
| | 计算值 | $\varphi$/度 | | | | | | | | | |
| $RC$ 并联 | 测量值 | $T$/ms | | | | | | | | | |
| | | $\tau$/ms | | | | | | | | | |
| | 计算值 | $\varphi$/度 | | | | | | | | | |

## 五、思考题

测量 $R$、$L$、$C$ 各个元件的阻抗角时，为什么要与它们串联一个小电阻？可否用一个小电感或大电容代替？为什么？

## 六、参数计算、数据分析与处理

（1）根据实验数据，在方格纸上绘制 $R$、$L$、$C$ 三个元件的阻抗频率特性曲线。

（2）根据实验数据，在方格纸上绘制 $RL$ 和 $RC$ 串联电路的阻抗角频率特性曲线。

（3）误差原因分析。

## 七、实验归纳与总结

(1) 归纳、总结实验结果。

(2) 心得体会及其他。

# 实验九　正弦稳态交流电路相量的研究

班级_____　学号_____　姓名_____　成绩_____

## 一、实验目的

(1) 研究正弦稳态交流电路中电压、电流相量之间的关系。

(2) 掌握日光灯线路的接线。

(3) 理解改善电路功率因数的意义并掌握其方法。

## 二、实验原理

### 三、实验设备

交流电压表、交流电流表、功率表、自耦调压器、镇流器、启辉器、日光灯灯管、电容器、白炽灯及灯座、电流插座等。

### 四、实验内容

#### 1. RC 串联电路测量

按图 2-15 接线。$R$ 为 220 V、15 W 的白炽灯泡,电容器为 4.7 μF/450 V。经指导教师检查后,接通实验台电源,将自耦调压器输出(即 $U$)调至 220 V。测量 $U$、$U_R$、$U_C$ 值,测算数据填入表 2-37 中,验证电压三角形关系。

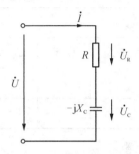

**图 2-15　RC 串联电路**

用两只并联白炽灯泡(220 V、15 W)代替上述电路中一盏白炽灯泡,重复上述测量,测算数据填入表 2-37 中,验证电压三角形关系。

**表 2-37　RC 串联电路测量数据表**

| 白炽灯盏数 | 测　量　值 | | | 计　算　值 | | |
|---|---|---|---|---|---|---|
| | $U/V$ | $U_R/V$ | $U_C/V$ | $U'=\sqrt{U_R^2+U_C^2}/V$ | $\Delta U=U'-U/V$ | $\Delta U/U/\%$ |
| 1 | | | | | | |
| 2 | | | | | | |

#### 2. 日光灯电路参数的测量

按图 2-16 接线。经指导教师检查后接通实验台电源,调节自耦调压器的输出,使其输出电压缓慢增大,直到日光灯刚启辉点亮为止,测量此时功率 $P$,电流 $I$,电压 $U$、$U_L$、$U_A$ 等值。然后将电压调至 220 V,重复测量上述数据,将所测结果填入表 2-38 中,验证电压、电流相量关系。

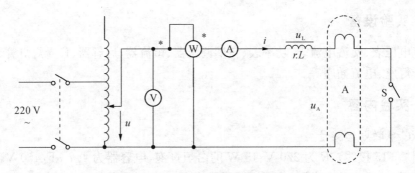

**图 2 - 16   日光灯参数测量线路图**

**表 2 - 38   日光灯电路参数测量数据表**

| | 测量数值 | | | | | | 计算值 | |
|---|---|---|---|---|---|---|---|---|
| | $P/W$ | $\cos\varphi$ | $I/A$ | $U/V$ | $U_L/V$ | $U_A/V$ | $r/\Omega$ | $\cos\varphi$ |
| 启辉值 | | | | | | | | |
| 正常工作值 | | | | | | | | |

3. **日光灯电路功率因数的改善**

按图 2 - 17 组成实验线路。经指导老师检查后,接通实验台电源,将自耦调压器的输出调至 220 V,记录相应参数值。改变电容值,进行三次重复测量。数据填入表 2 - 39 中。

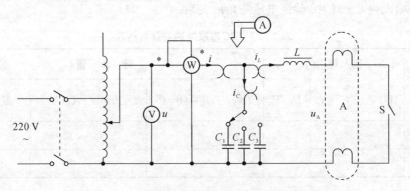

**图 2 - 17   日光灯电路功率因数的改善实验线路图**

**表 2 - 39   不同电容值时日光灯电路参数测量数据**

| 电容值($\mu$F) | $P/W$ | $U/V$ | $I/A$ | $I_L/A$ | $I_C/A$ | $\cos\varphi$ |
|---|---|---|---|---|---|---|
| 0 | | | | | | |
| 1 | | | | | | |
| 2.2 | | | | | | |
| 4.7 | | | | | | |

## 五、思考题

(1) 在日常生活中,当日光灯上缺少了启辉器时, 人们常用一根导线将启辉器的两端短接一下,然后迅速断开,使日光灯点亮;或用一只启辉器去点亮多只同类型的日光灯,这是为什么?

(2) 图 2 - 16 电路中,镇流器等效内阻 $r$ 的计算方法有几种? 分别说明。

(3) 为了改善电路的功率因数,常在感性负载上并联电容器,此时增加了一条电流支路,试问电路的总电流是增大还是减小,此时感性元件上的电流和功率是否改变?

（4）提高线路功率因数为什么只采用并联电容器法，而不用串联法？所并的电容器是否越大越好？

### 六、参数计算、数据分析与处理

（1）完成数据表格中的计算，列出计算过程。

（2）根据实验数据，分别绘出电压、电流相量图，验证相量形式的基尔霍夫定律。

（3）误差原因分析。

## 七、实验归纳与总结

（1）归纳、总结实验结果。

（2）心得体会及其他。

# 项目三　模拟电子技术实验

## 实验一　集成运算放大器的基本应用

班级_____　学号_____　姓名_____　成绩_____

### 一、实验目的

(1) 研究由集成运算放大器组成的比例、加法等基本运算电路的工作原理及运算功能。

(2) 掌握以上各种应用电路的组成及其测试方法。

### 二、实验原理

## 三、实验仪器与设备

(1) +12 V 直流电源(可用模拟电路实验箱自带直流电源)。

(2) 函数信号发生器。

(3) 交流毫伏表。

(4) 直流电压表。

(5) 集成运算放大器 $\mu$A741×1。

(6) 电阻器、电容器若干。

## 四、实验内容与步骤

### 1. 反相比例运算电路

(1) 按图 3-1 连接实验电路,接通±12 V 电源,输入端对地短路,进行调零和消振。

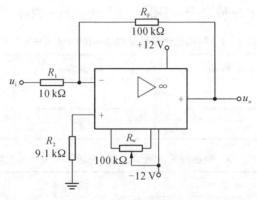

图 3-1　反相比例运算电路

(2) 输入 $f=100$ Hz, $u_i=0.5$ V 的正弦交流信号,测量相应的 $u_o$,并用示波器观察 $u_o$ 和 $u_i$ 的相位关系,记入表 3-1。

表 3-1　反相比例运算电路测试结果($f=100$ Hz,$u_i=0.5$ V)

| $u_i$(V) | $u_o$(V) | $u_i$ 波形 | $u_o$ 波形 | $A_v$ | |
|---|---|---|---|---|---|
| | | | | 实测值 | 计算值 |
| | | | | | |

### 2. 同相比例运算电路

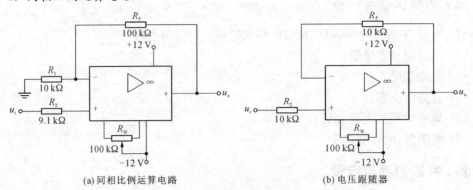

(a) 同相比例运算电路　　　　(b) 电压跟随器

**图 3‑2　同相比例运算电路**

(1) 按图 3‑2(a) 连接实验电路。实验步骤同内容 1,将结果记入表 3‑2。

(2) 将图 3‑2(a) 中的 $R_1$ 断开,得图 3‑2(b) 电路重复内容(1),结果记入表 3‑3。

**表 3‑2　同相比例测试结果 $f=100\ Hz, u_i=0.5\ V$**

| $u_i(V)$ | $u_o(V)$ | $u_i$ 波形 | $u_o$ 波形 | $A_v$ | |
|---|---|---|---|---|---|
| | | | | 实测值 | 计算值 |
| | | | | | |

**表 3‑3　电压跟随器测试结果 $f=100\ Hz, u_i=0.5\ V$**

| $u_i(V)$ | $u_o(V)$ | $u_i$ 波形 | $u_o$ 波形 | $A_v$ | |
|---|---|---|---|---|---|
| | | | | 实测值 | 计算值 |
| | | | | | |

### 3. 反相加法运算电路

(1) 按图 3‑3 连接实验电路。调零和消振。

(2) 输入信号采用实验箱上的两路可调直流信号。用万用表的电压档测量输入电压 $U_{i1}$、$U_{i2}$ 及输出电压 $U_o$ 值,记入表 3‑4。

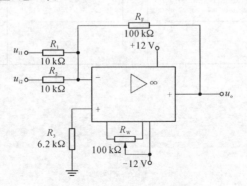

**图 3‑3　反相加法运算电路**

表 3 - 4　反相加法器测试结果

| $U_{i1}$ (V) | | | | |
|---|---|---|---|---|
| $U_{i2}$ (V) | | | | |
| $U_o$ (V) | | | | |

## 五、思考题

(1) 在反相加法器中,如 $U_{i1}$ 和 $U_{i2}$ 均采用直流信号,并选定 $U_{i2} = -1$ V,当考虑到运算放大器的最大输出幅度($\pm 12$ V)时,$|U_{i1}|$ 的大小不应超过多少伏?

(2) 为了不损坏集成块,实验中应注意什么问题?

(3) 将理论计算结果和实测数据相比较,分析实验中产生误差的原因。

## 六、实验归纳与总结

（1）归纳、总结实验结果。

（2）心得体会及其他。

# 实验二　晶体管共射极单管放大电路

班级_____　学号_____　姓名_____　成绩_____

## 一、实验目的

（1）学会放大器静态工作点的调试方法，分析静态工作点对放大器性能的影响。

（2）掌握放大器电压放大倍数、输入电阻、输出电阻及最大不失真输出电压的测试方法。

（3）熟悉常用电子仪器及模拟电路实验设备的使用。

## 二、实验原理

### 三、实验设备与器件

(1) +12 V 直流电源(可用模拟电路实验箱自带直流电源)。

(2) 函数信号发生器。

(3) 双踪示波器。

(4) 交流毫伏表。

(5) 万用表。

(6) 电阻器、电容器若干。

### 四、实验内容

实验电路如图 3-4 所示。各电子仪器在连接时,为防止干扰,各仪器的公共端必须连在一起,同时信号源、交流毫伏表和示波器的引线应采用专用电缆线或屏蔽线,如使用屏蔽线,则屏蔽线的外包金属网应接在公共接地端上。

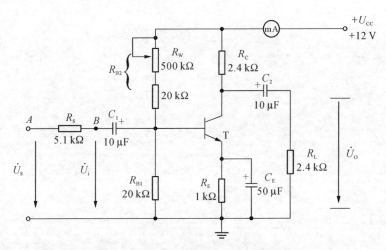

**图 3-4   共射极单管放大器实验电路**

#### 1. 调试静态工作点

接通直流电源前,先将 $R_W$ 调至最大,函数信号发生器输出旋钮旋至零。接通 +12 V 电源、调节 $R_W$,使 $U_E = 2.0$ V(即 $I_C = 2.0$ mA),用直流电压表测量 $U_B$、$U_C$ 及用万用电表测量 $R_{B2}$ 的值,记入表 3-5。

**表 3-5   静态工作点测试结果**

| 测　量　值 | | | | 计　算　值 | | |
|---|---|---|---|---|---|---|
| $U_B$(V) | $U_E$(V) | $U_C$(V) | $R_{B2}$(kΩ) | $U_{BE}$(V) | $U_{CE}$(V) | $I_C$(mA) |
|  |  |  |  |  |  |  |

#### 2. 测量电压放大倍数

在上一步调整好静态工作点的基础上,在放大器输入端加入频率为 1 kHz 的正弦信号 $u_s$,调节函数信号发生器的输出旋钮使放大器输入电压 $u_i \approx 10$ mV,同时用示波器观察

放大器输出电压 $u_o$ 波形,在波形不失真的条件下用交流毫伏表测量下述三种情况下的 $u_o$ 值,也可用示波器直接读出电压峰峰值,并用双踪示波器观察 $u_o$ 和 $u_i$ 的相位关系,记入表 3-6。

表 3-6 单管放大电路测试结果

| $R_C(\text{k}\Omega)$ | $R_L(\text{k}\Omega)$ | $U_o(\text{V})$ | $A_V$ | 观察记录一组 $u_i$ 和 $u_o$ 波形 |
|---|---|---|---|---|
| 2.4 | $\infty$ | | | |
| 1.2 | $\infty$ | | | |
| 2.4 | 2.4 | | | |

3. 观察静态工作点对电压放大倍数的影响

置 $R_C=2.4\ \text{k}\Omega$,$R_L=\infty$,$u_i$ 适量,调节 $R_W$,用示波器监视输出电压波形,在 $u_o$ 不失真的条件下,测量数组 $I_C$ 和 $u_o$ 值,记入表 3-7。

表 3-7 在 $u_i=$ _____ mV 时,测得下表数据

| $U_E(\text{V})$ | | | 2.0 | | |
|---|---|---|---|---|---|
| $U_o(\text{V})$ | | | | | |
| $A_V$ | | | | | |

测量 $I_C$ 时,要先将信号源输出旋钮旋至零(即使 $u_i=0$)。

4. 观察静态工作点对输出波形失真的影响

置 $R_C=2.4\ \text{k}\Omega$,$R_L=2.4\ \text{k}\Omega$,$u_i=0$,调节 $R_W$ 使 $U_E=2.0\ \text{V}$,测出 $U_{CE}$ 的值,再逐步加大输入信号,使输出电压 $u_o$ 足够大但不失真,然后保持输入信号不变,分别增大和减小 $R_W$,使波形出现失真,绘出 $u_o$ 的波形,并测出失真情况下的 $I_C$ 和 $U_{CE}$ 值,记入表 3-8 中。每次测 $I_C$ 和 $U_{CE}$ 值时都要将信号源的输出旋钮旋至零。

表 3-8 在 $u_i=$ _____ mV 时,测得下表数据

| $U_E(\text{V})$ | $U_{CE}(\text{V})$ | $u_o$ 波形 | 是否失真 | 管子工作状态 |
|---|---|---|---|---|
| | | | | |
| 2.0 | | | | |
| | | | | |

5. 测量最大不失真输出电压

置 $R_C = 2.4 \text{ k}\Omega$，$R_L = 2.4 \text{ k}\Omega$，按照实验原理中所介绍的方法，同时调节输入信号的幅度和电位器 $R_W$，用示波器观察波形的变化，并用示波器和交流毫伏表测量 $U_{opp}$ 及 $U_o$ 值，记入表 3-9。

表 3-9　最大不失真输出电压测试结果

| $U_E(V)$ | $U_{in}(mV)$ | $U_{om}(V)$ | $U_{opp}(V)$ |
|---|---|---|---|
|  |  |  |  |

## 五、思考题

(1) 当调节偏置电阻 $R_{B2}$，使放大器输出波形出现饱和或截止失真时，晶体管的管压降 $U_{CE}$ 怎样变化?

(2) 总结 $R_C$，$R_L$ 及静态工作点对放大器电压放大倍数、输入电阻、输出电阻的影响。

（3）讨论静态工作点变化对放大器输出波形的影响。

（4）分析讨论在调试过程中出现的问题。

## 六、实验归纳与总结

（1）归纳、总结实验结果。

（2）心得体会及其他。

# 实验三　负反馈放大器

班级＿＿＿＿　学号＿＿＿＿　姓名＿＿＿＿　成绩＿＿＿＿

## 一、实验目的

(1) 加深理解负反馈放大电路的工作原理及负反馈对放大电路性能的影响。

(2) 进一步掌握多级放大电路静态工作点调试及测试方法。

(3) 学会负反馈放大电路电压放大倍数的测量方法。

## 二、实验原理

## 三、实验设备与器件

(1) ＋12 V 直流电源(可用模拟电路试验箱自带直流电源)。

(2) 函数信号发生器。

(3) 双踪示波器。

(4) 交流毫伏表。

(5) 万用表。

(6) 电阻器、电容器若干(8.2 kΩ、100 Ω 电阻各一只)。

## 四、实验内容

### 1. 测量静态工作点

按图 3－5 连接实验电路，取 $U_{CC}=+12$ V，$u_i=0$，用直流电压表分别测量第一级、第二级放大电路的静态工作点，将数据记入表 3－10。

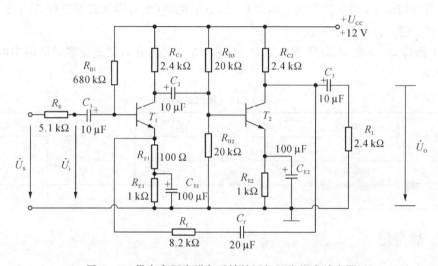

**图 3－5　带有电压串联负反馈的两级阻容耦合放大器**

表 3－10　测试结果

|  | $U_B$(V) | $U_E$(V) | $U_C$(V) | $I_C$(mA) |
|---|---|---|---|---|
| 第一级 |  |  |  |  |
| 第二级 |  |  |  |  |

### 2. 测试放大器的测量中频电压放大倍数 $A_V$

将实验电路按图 3－6 改接，即把 $R_f$ 断开后分别并在串入 $R_{F1}$ 支路上和 $R_L$ 并联，其他连线不动。

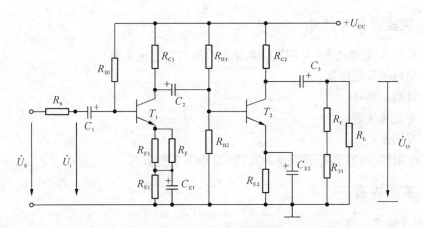

**图 3 - 6　基本放大器电路**

(1) 以 $f=1$ kHz, $U_s \approx 15$ mV 的正弦信号输入放大器,用示波器观察输出波形 $u_o$,在 $u_o$ 不失真的情况下,用交流毫伏表测量 $U_s$、$U_i$、$U_L$ 的值(也可用示波器直接读出峰峰值后换算成有效值),将数据记入表 3 - 11。

(2) 保持 $U_s$ 不变,断开负载电阻 $R_L$(注意,$R_f$ 不要断开),测量空载时的输出电压 $U_o$ 值,记入表 3 - 11。

**表 3 - 11　测试结果**

| 基本放大器 | $U_s$(mV) | $U_i$(mV) | $U_L$(V) | $U_o$(V) | $A_V$ |
|---|---|---|---|---|---|
|  |  |  |  |  |  |
| 负反馈放大器 | $U_s$(mV) | $U_i$(mV) | $U_L$(V) | $U_o$(V) | $A_{Vf}$ |
|  |  |  |  |  |  |

## 五、思考题

(1) 按实验电路 3 - 5 估算放大器的静态工作点(取 $\beta_1 = \beta_2 = 100$)。

（2）将基本放大器和负反馈放大器动态参数的实测值和理论估算值列表进行比较。

（3）根据实验结果，总结电压串联负反馈对放大器性能的影响。

## 六、实验归纳与总结

（1）归纳、总结实验结果。

（2）心得体会及其他。

## 实验四　　　正弦波振荡器

班级＿＿＿＿　学号＿＿＿＿　姓名＿＿＿＿　成绩＿＿＿＿

### 一、实验目的

(1) 进一步学习 $RC$ 正弦波振荡器的组成及其振荡条件。

(2) 学会测量、调试振荡器。

(3) 了解 $RC$ 串并联网络的选频特性。

### 二、实验原理

## 三、实验设备与器件

(1) +12 V 直流电源(可用模拟电路实验箱自带直流电源)。

(2) 函数信号发生器。

(3) 双踪示波器。

(4) 万用表。

## 四、实验内容

1. $RC$ 串并联选频网络振荡器

(1) 按图 3-7 组接线路

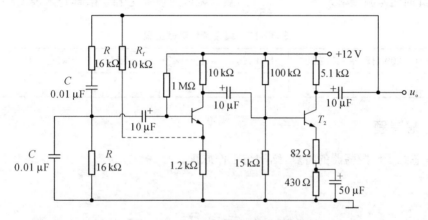

**图 3-7 *RC* 串并联选频网络振荡器**

(2) 断开 $RC$ 串并联网络,测量放大器静态工作点及电压放大倍数,记入表 3-12。

**表 3-12 *RC* 串并联选频网络振荡器参数测试表**

| | $U_B$(V) | $U_C$(V) | $U_E$(V) | $U_{CE}$(V) | $I_C$(mA) | $U_o$(V) | $U_i$(V) | $A_V$ |
|---|---|---|---|---|---|---|---|---|
| $T_1$ 管 | | | | | | | | |
| $T_2$ 管 | | | | | | | | |

(3) 接通 $RC$ 串并联网络,并使电路起振,用示波器观测输出电压 $u_o$ 波形,调节 $R_f$ 直到获得较满意的正弦信号波形,将其参数记入表 3-13。

**表 3-13 波形测试结果**

| | 输出电压波形 | 测量值(V) |
|---|---|---|
| 输 出 电 压 $u_o$ | | |

(4) 测量振荡频率,并与计算值进行比较,记入表 3 - 14。

### 表 3 - 14 频率测试结果

| | 测量值(Hz) | 计算值(Hz) |
|---|---|---|
| 振荡频率 $f_0$ | | |

(5) $RC$ 串并联网络幅频特性的观察

将 $RC$ 串并联网络与放大器断开,用函数信号发生器的正弦信号注入 $RC$ 串并联网络,保持输入信号的幅度不变(约 3 V),频率由低到高变化,$RC$ 串并联网络输出幅值将随之变化,当信号源达某一频率时,$RC$ 串并联网络的输出将达最大值(约 1 V 左右)。且输入、输出同相位,此时信号源频率为 $f = f_0 = \dfrac{1}{2\pi RC}$,观察幅值随频率变化的情况,记入表 3 - 15。

### 表 3 - 15 幅频特性测试结果

| $f$(Hz) | 200 Hz | 500 Hz | 800 Hz | 1 kHz | 1.5 kHz | 2 kHz | 3 kHz |
|---|---|---|---|---|---|---|---|
| $U_0$(V) | | | | | | | |

## 五、思考题

(1) 总结 $RC$ 振荡器的特点,结构与工作原理。

（2）如何用示波器来测量振荡电路的振荡频率。

## 六、实验归纳与总结

（1）归纳、总结实验结果。

（2）心得体会及其他。

# 实验五　直流稳压电源–集成稳压器

班级＿＿＿＿　学号＿＿＿＿　姓名＿＿＿＿　成绩＿＿＿＿

## 一、实验目的

(1) 了解整流滤波电路的工作原理及测试。
(2) 掌握集成稳压器的特点和性能指标的测试方法。
(3) 学习集成稳压器的使用方法。

## 二、实验原理

## 三、实验设备与器件

(1) 可调工频电源(可用模拟电路实验箱自带可调工频电源)。

(2) 双踪示波器。

(3) 交流毫伏表。

(4) 万用表。

(5) 三端稳压器 W7812、W7815、W7915(可选用模拟电路实验箱自带的稳压器)。

(6) 桥堆 2W06(或 KBP306)(可选用模拟电路实验箱自带的桥堆)。

(7) 电阻器、电容器若干。

## 四、实验内容

### 1. 整流滤波电路测试

按图 3-8 连接实验电路,取可调工频电源 14 V 电压作为整流电路输入电压 $u_2$。接通工频电源,测量输出端直流电压 $U_L$,用示波器观察 $u_2$ 和 $U_L$ 的波形,把数据及波形记入表 3-16 中。

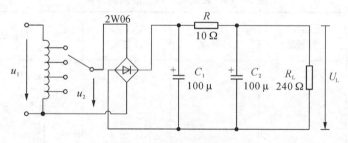

图 3-8  整流滤波电路

表 3-16  整流滤波电路测试结果

| $U_1$(实测值) | $U_2$(实测值) | $U_L$(实测值) | $U_2$ 的波形 | $U_L$ 的波形 |
|---|---|---|---|---|
|  |  |  |  |  |

### 2. 集成稳压器性能测试

断开工频电源,按图 3-9 改接实验电路,取负载电阻 $R_L = 120\ \Omega$。

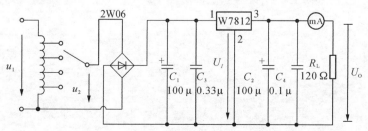

图 3-9  由 W7812 构成的串联型稳压电源

(1) 初测。

接通工频 14 V 电源,测量 $U_2$ 值;测量滤波电路输出电压 $U_I$ 值(稳压器输入电压)以及集成稳压器输出电压 $U_o$ 值,记入表 3 - 17。它们的数值应与理论值大致符合,否则说明电路出了故障,设法查找故障并加以排除。电路经初测进入正常工作状态后,才能进行各项指标的测试。

**表 3 - 17 集成稳压器性能初测结果**

| $U_2$(V) | $U_I$(V) | $U_o$(V) |
|---|---|---|
| | | |

(2) 输出电压 $U_o$ 和最大输出电流 $I_{omax}$ 的测量。

在输出端接负载电阻 $R_L = 24$ kΩ,由于 W7812 输出电压 $U_o = 12$ V,因此流过 $R_L$ 的电流 $I_{omax} = \dfrac{12}{24 \text{ K}} = 0.5$ mA。这时 $U_o$ 应基本保持不变,若变化较大则说明集成块性能不良,将实验测量数据记入表 3 - 18。

**表 3 - 18 集成稳压器性能测试结果**

| $I_{omax}$<br>(实测值) | $U_o$(V)<br>(实测值) | $I_{omax}$<br>(计算值) | $U_o$(V)<br>(计算值) | $U_o$(V)波形 |
|---|---|---|---|---|
| | | | | |

## 五、思考题

(1) 如果实验初测时发现电路故障,请根据实际情况分析原因并提出解决办法。

（2）分析讨论实验中发生的现象和问题。

## 六、实验归纳与总结

（1）归纳、总结实验结果。

（2）心得体会及其他。

# 实验六  射极跟随器

班级_____  学号_____  姓名_____  成绩_____

## 一、实验目的

(1) 掌握射极跟随器的特性及测试方法。
(2) 进一步学习放大器各项参数测试方法。

## 二、实验原理

### 三、实验设备与器件

(1) +12 V 直流电源。

(2) 函数信号发生器。

(3) 双踪示波器。

(4) 交流毫伏表。

(5) 直流电压表。

(6) 频率计。

(7) 3DG12×1 ($\beta$=50～100)或 9013。

(8) 电阻器、电容器若干。

### 四、实验内容

按电路图 3-10 组接电路。

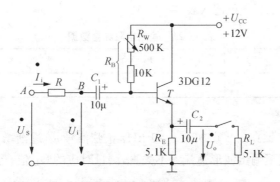

**图 3-10　射极跟随器实验电路图**

1. 静态工作点的调整

接通+12 V 直流电源,在 $B$ 点加入 $f$=1 kHz 正弦信号 $u_i$,输出端用示波器监视输出波形,反复调整 $R_W$ 及信号源的输出幅度,使在示波器的屏幕上得到一个最大不失真输出波形,然后置 $u_i$=0,用直流电压表测量晶体管各电极对地电位,将测得数据记入表 3-19 中。

**表 3-19　静态工作点测量数据**

| $U_E$(V) | $U_B$(V) | $U_C$(V) | $I_E$(mA) |
|---|---|---|---|
| | | | |

在下面整个测试过程中应保持 $R_W$ 值不变(即保持静工作点 $I_E$ 不变)。

2. 测量电压放大倍数 $A_V$

接入负载 $R_L$=1 kΩ,在 $B$ 点加 $f$=1 kHz 正弦信号 $u_i$,调节输入信号幅度,用示波器观察输出波形 $u_o$,在输出最大不失真情况下,用交流毫伏表测 $U_i$、$U_L$ 值,记入表 3-20 中。

表 3-20　电压放大倍数测量数据

| $U_i$(V) | $U_L$(V) | $A_V$ |
|---|---|---|
|  |  |  |

### 3. 测量输出电阻 $R_o$

接上负载 $R_L = 1$ KΩ,在 B 点加 $f = 1$ kHz 正弦信号 $u_i$,用示波器监视输出波形,测空载输出电压 $U_o$ 值以及有负载时输出电压 $U_L$ 值,记入表 3-21 中。

表 3-21　输出电阻测量数据

| $U_o$(V) | $U_L$(V) | $R_o$(kΩ) |
|---|---|---|
|  |  |  |

### 4. 测量输入电阻 $R_i$

在 A 点加 $f = 1$ kHz 的正弦信号 $u_s$,用示波器监视输出波形,用交流毫伏表分别测出 A、B 点对应的电位 $U_s$、$U_i$ 值,记入表 3-22 中。

表 3-22　输入电阻测量数据

| $U_S$(V) | $U_i$(V) | $R_i$(kΩ) |
|---|---|---|
|  |  |  |

### 5. 测试跟随特性

接入负载 $R_L = 1$ kΩ,在 B 点加入 $f = 1$ kHz 正弦信号 $u_i$,逐渐增大信号 $u_i$ 幅度,用示波器监视输出波形直至输出波形达最大不失真,测量对应的 $U_L$ 值,记入表 3-23 中。

表 3-23　跟随特性测量数据

| $U_i$(V) |  |
|---|---|
| $U_L$(V) |  |

### 6. 测试频率响应特性

保持输入信号 $u_i$ 幅度不变,改变信号源频率,用示波器监视输出波形,用交流毫伏表测量不同频率下的输出电压 $U_L$ 值,记入表 3-24 中。

表 3-24　频率响应特性测量数据

| $f$(kHz) |  |
|---|---|
| $U_L$(V) |  |

## 五、思考题

（1）总结射极跟随器的特点。

（2）举例说明射极跟随器的实际应用。

## 六、实验归纳与总结

（1）归纳、总结实验结果。

（2）心得体会及其他。

# 实验七 差动放大器

班级_____ 学号_____ 姓名_____ 成绩_____

## 一、实验目的

(1) 加深对差动放大器性能及特点的理解。

(2) 学习差动放大器主要性能指标的测试方法。

## 二、实验原理

## 三、实验设备与器件

(1) ±12 V 直流电源。

(2) 函数信号发生器。

(3) 双踪示波器。

(4) 交流毫伏表。

(5) 直流电压表。

(6) 晶体三极管 3DG6×3 或(9011×3)、电阻器、电容器若干。

## 四、实验内容

### 1. 典型差动放大器性能测试

按图 3-11 连接实验电路,开关 K 拨向左边构成典型差动放大器。

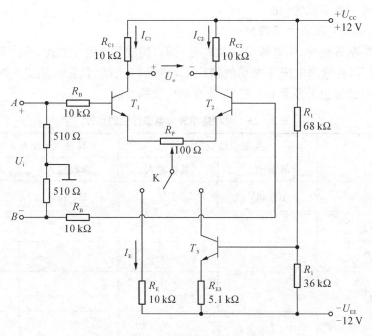

**图 3-11 差动放大器实验电路**

(1) 测量静态工作点。

① 调节放大器零点。

信号源不接入。将放大器输入端 $A$、$B$ 与地短接,接通 ±12 V 直流电源,用直流电压表测量输出电压 $U_o$ 值,调节调零电位器 $R_P$,使 $U_o=0$。

② 测量静态工作点。

零点调好以后,用直流电压表测量 $T_1$、$T_2$ 管各电极电位及射极电阻 $R_E$ 两端电压 $U_{RE}$ 值,记入表 3-25 中。

表 3-25　静态工作点测量数据

| 测量值 | $U_{C1}(V)$ | $U_{B1}(V)$ | $U_{E1}(V)$ | $U_{C2}(V)$ | $U_{B2}(V)$ | $U_{E2}(V)$ | $U_{RE}(V)$ |
|---|---|---|---|---|---|---|---|
|  |  |  |  |  |  |  |  |
| 计算值 | $I_C(mA)$ | | | $I_B(mA)$ | | $U_{CE}(V)$ | |
|  |  | | |  | |  | |

（2）测量差模电压放大倍数。

断开直流电源，将函数信号发生器的输出端接放大器输入 A 端,地端接放大器输入 B 端构成单端输入方式,调节输入信号为频率 $f=1$ kHz 的正弦信号,并使输出旋钮旋至零,用示波器监视输出端(集电极 $C_1$ 或 $C_2$ 与地之间)。

接通±12 V 直流电源,逐渐增大输入电压 $U_i$(约 100 mV),在输出波形无失真的情况下,用交流毫伏表测 $U_i$、$U_{C1}$、$U_{C2}$,记入表 3-25 中,并观察 $u_i$、$u_{C1}$、$u_{C2}$ 之间的相位关系及 $U_{RE}$ 随 $U_i$ 改变而变化的情况。

（3）测量共模电压放大倍数。

将放大器 A、B 短接,信号源接 A 端与地之间,构成共模输入方式,调节输入信号 $f=1$ kHz,$U_i=1$ V,在输出电压无失真的情况下,测量 $U_{C1}$、$U_{C2}$ 值记入表 3-26 中,并观察 $u_i$、$u_{C1}$、$u_{C2}$ 之间的相位关系及 $U_{RE}$ 随 $U_i$ 改变而变化的情况。

表 3-26　两种差动放大电路性能的比较

| | 典型差动放大电路 | | 具有恒流源差动放大电路 | |
|---|---|---|---|---|
| | 单端输入 | 共模输入 | 单端输入 | 共模输入 |
| $U_i$ | 100 mV | 1 V | 100 mV | 1 V |
| $U_{C1}(V)$ | | | | |
| $U_{C2}(V)$ | | | | |
| $A_{d1}=\dfrac{U_{C1}}{U_i}$ | | / | | / |
| $A_d=\dfrac{U_o}{U_i}$ | | / | | / |
| $A_{C1}=\dfrac{U_{C1}}{U_i}$ | / | | / | |
| $A_C=\dfrac{U_o}{U_i}$ | / | | / | |
| $CMRR=\left|\dfrac{A_{d1}}{A_{C1}}\right|$ | | | | |

2. 具有恒流源的差动放大电路性能测试

将图 3-11 电路中开关 K 拨向右边,构成具有恒流源的差动放大电路。重复内容 1 中第(2)步和第(3)步的要求,记入表 3-26。

## 五、思考题

(1) 实验中怎样获得双端和单端输入差模信号？怎样获得共模信号？画出 A、B 端与信号源之间的连接图。

(2) 比较 $u_i$、$u_{C1}$、$u_{C2}$ 之间的相位关系。

## 六、实验归纳与总结

(1) 归纳、总结实验结果。

(2) 心得体会及其他。

## 实验八　有源滤波器

班级＿＿＿＿　学号＿＿＿＿　姓名＿＿＿＿　成绩＿＿＿＿

### 一、实验目的

(1) 熟悉用运放、电阻和电容组成有源低通滤波、高通滤波和带通、带阻滤波器。

(2) 学会测量有源滤波器的幅频特性。

### 二、实验原理

### 三、实验设备与器件

(1) ±12 V 直流电源。

(2) 函数信号发生器。

(3) 双踪示波器。

(4) 交流毫伏表。

(5) 频率计。

(6) μA741×1。

(7) 电阻器、电容器若干。

### 四、实验内容

**1. 二阶低通滤波器**

实验电路如图 3－12(a)。

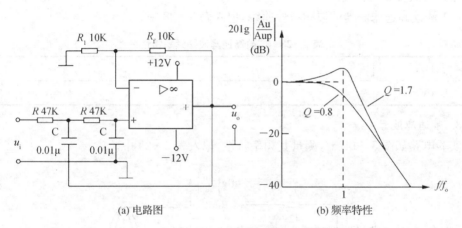

(a) 电路图　　　　　　(b) 频率特性

**图 3－12　二阶低通滤波器**

(1) 粗测：接通±12 V 电源。$u_i$ 接函数信号发生器，令其输出为 $U_i＝1$ V 的正弦波信号，在滤波器截止频率附近改变输入信号频率，用示波器或交流毫伏表观察输出电压幅度的变化是否具备低通特性，如不具备，应排除电路故障。

(2) 在输出波形不失真的条件下，选取适当幅度的正弦输入信号，在维持输入信号幅度不变的情况下，逐点改变输入信号频率。测量输出电压，记入表 3－27 中，描绘频率特性曲线。

**表 3－27　二阶低通滤波器频率特性**

| $f$(Hz) | |
|---|---|
| $U_o$(V) | |

**2. 二阶高通滤波器**

实验电路如图 3－13(a)。

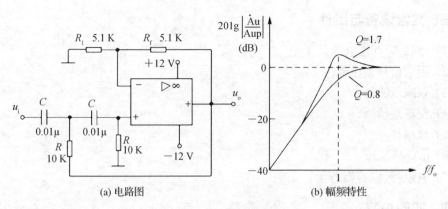

图 3 - 13　二阶高通滤波器

（1）粗测：输入$U_i$＝1 V正弦波信号，在滤波器截止频率附近改变输入信号频率，观察电路是否具备高通特性。

（2）测绘高通滤波器的幅频特性曲线，记入表3 - 28中。

表 3 - 28　二阶高通滤波器频率特性

| $f$(Hz) | |
| --- | --- |
| $U_o$(V) | |

### 3. 带通滤波器

实验电路如图3 - 14(a)，测量其频率特性，记入表3 - 29中。

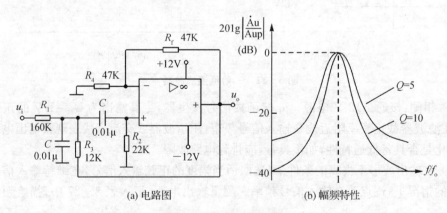

图 3 - 14　二阶带通滤波器

（1）实测电路的中心频率$f_0$。

（2）以实测中心频率为中心，测绘电路的幅频特性。

表 3 - 29　带通滤波器频率特性

| $f$(Hz) | |
| --- | --- |
| $U_o$(V) | |

4. 带阻滤波器

实验电路如图 3－15(a)所示。

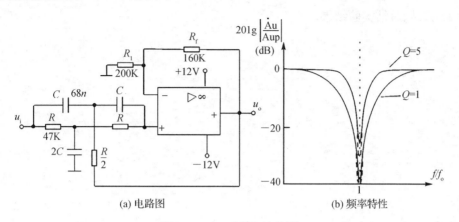

(a) 电路图　　　　　　　　　(b) 频率特性

**图 3－15　二阶带阻滤波器**

(1) 实测电路的中心频率 $f_0$。

(2) 测绘电路的幅频特性，记入表 3－30 中。

**表 3－30　带阻滤波器频率特性**

| $f$(Hz) | |
|---|---|
| $U_o$(V) | |

## 五、思考题

(1) 滤波器参数的改变，对滤波器特性有何影响。

(2) 有源滤波器和无源滤波器比较，有哪些优缺点？

## 六、实验归纳与总结

(1) 归纳、总结实验结果。

(2) 心得体会及其他。

# 项目四　数字电子技术实验

实验一　　　　　　集成逻辑门电路参数测定

班级＿＿＿＿＿　学号＿＿＿＿＿　姓名＿＿＿＿＿　成绩＿＿＿＿＿

## 一、实验目的

（1）掌握 TTL 集成门电路逻辑功能和主要参数的测试方法。

（2）掌握 TTL 器件的使用规则。

（3）进一步熟悉数字电路实验装置的结构，基本功能和使用方法。

## 二、实验原理

### 三、实验仪器与设备

(1) +5V 直流电源。

(2) 逻辑电平开关。

(3) 逻辑电平显示器。

(4) 直流数字电压表。

(5) 直流毫安表。

(6) 直流微安表。

(7) 双踪示波器。

(8) 连续脉冲源。

(9) 74LS20×2、1 K、10 K 电位器,200 Ω 电阻器(0.5 W)。

### 四、实验内容与步骤

**1. 验证 TTL 集成与非门的逻辑功能**

取一个 74LS20 集成块,按图 4-1 接线,门的四个输入端接逻辑开关输出插口,以提供"0"与"1"电平信号,开关向上,输出逻辑"1",向下为逻辑"0"。门的输出端接由 LED 发光二极管组成的逻辑电平显示器(又称 0-1 指示器)的显示插口,LED 亮为逻辑"1",不亮为逻辑"0"。按表 4-1 的真值表逐个测试集成块中两个与非门的逻辑功能。74LS20 有 4 个输入端,有 16 个最小项,在实际测试时,只要通过对输入 1111、0111、1011、1101、1110 五项进行检测就可判断其逻辑功能是否正常。

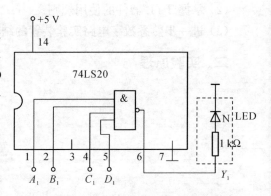

**图 4-1　与非门逻辑功能的测试电路**

**表 4-1　与非门逻辑功能表**

| 输　　　入 | | | | 输　出 | |
|---|---|---|---|---|---|
| $A_n$ | $B_n$ | $C_n$ | $D_n$ | $Y_1$ | $Y_2$ |
| 1 | 1 | 1 | 1 | | |
| 0 | 1 | 1 | 1 | | |
| 1 | 0 | 1 | 1 | | |
| 1 | 1 | 0 | 1 | | |
| 1 | 1 | 1 | 0 | | |

**2. 主要参数的测试**

(1) 分别按图 4-2、4-3、4-4 接线并进行测试,将测试结果记入表 4-2 中。

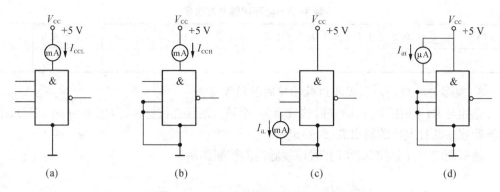

**图 4 - 2　TTL 与非门静态参数测试电路图**

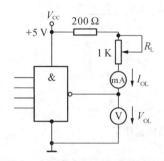

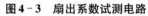

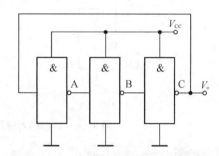

**图 4 - 3　扇出系数试测电路**　　**图 4 - 4　$t_{pd}$ 传输延迟特性及测试电路**

**表 4 - 2　主要参数测试结果**

| $I_{CCL}$ (mA) | $I_{CCH}$ (mA) | $I_{iL}$ (mA) | $I_{oL}$ (mA) | $N_O = \dfrac{I_{oL}}{I_{iL}}$ | $t_{pd} = \dfrac{T}{6}$ (ns) |
|---|---|---|---|---|---|
| | | | | | |

　　(2) 接图 4 - 5 接线,调节电位器 $R_W$,使 $v_i$ 从 0 V 向高电平变化,逐点测量 $v_i$ 和 $v_o$ 的对应值,记入表 4 - 3 中。

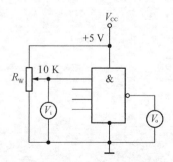

**图 4 - 5　传输特性测试电路**

表 4-3　电压传输特性结果

| $v_i$(V) | 0 | 0.2 | 0.4 | 0.6 | 0.8 | 1.0 | 1.5 | 2.0 | 2.5 | 3.0 | 3.5 | 4.0 | ⋯ |
|---|---|---|---|---|---|---|---|---|---|---|---|---|---|
| $v_o$(V) | | | | | | | | | | | | | |

3. 观察与非门、与门、或非门对脉冲的控制作用

选用与非门按图 4-6(a)、(b)接线,将一个输入端接连续脉冲源(频率为 20 kHz),用示波器观察两种电路的输出波形,并记录。

然后测定"与门"和"或非门"对连续脉冲的控制作用。

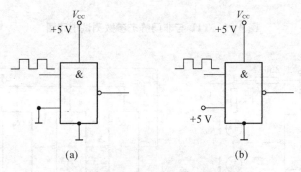

图 4-6　与非门对脉冲的控制作用

输出波形绘制:

## 五、思考题

(1) TTL 集成电路与 CMOS 集成电路分别有哪些特点？

(2) 扇出系数指的是什么？

## 六、实验归纳与总结

(1) 归纳、总结实验结果。

(2) 心得体会及其他。

## 实验二　　　　集成逻辑门的逻辑功能与参数测试

班级＿＿＿＿＿　学号＿＿＿＿＿　姓名＿＿＿＿＿　成绩＿＿＿＿＿

### 一、实验目的

(1) 掌握 CMOS 集成门电路的逻辑功能和器件的使用规则。

(2) 学会 CMOS 集成门电路主要参数的测试方法。

### 二、实验原理

### 三、实验设备与器件

(1) +5 V 直流电源。

(2) 双踪示波器。

(3) 连续脉冲源。

(4) 逻辑电平开关。

(5) 逻辑电平显示器。

(6) 直流数字电压表。

(7) 直流毫安表。

(8) 直流微安表。

(9) CC4011、电位器 100 K、电阻 1 K。

### 四、实验内容

1. CMOS 与非门 CC4011 参数测试（方法与 TTL 电路相同）

(1) 参照图 4-7、4-8、4-9 接线测试 CC4011 一个门的 $I_{CCL}$、$I_{CCH}$、$I_{iL}$、$I_{iH}$，而后将 CC4011 的三个门串接成振荡器，用示波器观测输入、输出波形，并计算出 $t_{pd}$ 值。将测试结果记入表 4-4 中。

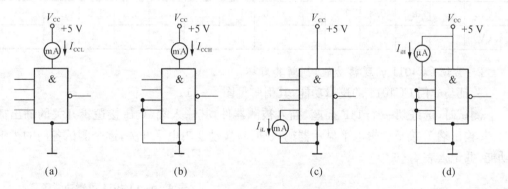

(a)        (b)        (c)        (d)

图 4-7　CMOS 与非门静态参数测试电路图

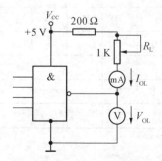

图 4-8　扇出系数试测电路

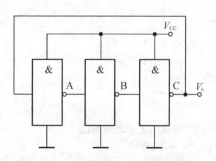

图 4-9　$t_{pd}$传输延迟特性及测试电路

**表 4 - 4　主要参数测试结果**

| $I_{CCL}$(mA) | $I_{CCH}$(mA) | $I_{iL}$(mA) | $I_{oL}$(mA) | $N_O = \dfrac{I_{oL}}{I_{iL}}$ | $t_{pd} = \dfrac{T}{6}$(ns) |
|---|---|---|---|---|---|
|  |  |  |  |  |  |

(3) 测试 CC4011 一个门的传输特性(一个输入端作信号输入,另一个输入端接逻辑高电平),接线图参照图 4 - 10,将传输特性测试结果记入表 4 - 5 中。

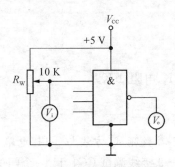

**图 4 - 10　传输特性测试电路**

**表 4 - 5　电压传输特性结果**

| $v_i$(V) | 0 | 0.2 | 0.4 | 0.6 | 0.8 | 1.0 | 1.5 | 2.0 | 2.5 | 3.0 | 3.5 | 4.0 | … |
|---|---|---|---|---|---|---|---|---|---|---|---|---|---|
| $v_o$(V) |  |  |  |  |  |  |  |  |  |  |  |  |  |

2. 验证 CC4011 的逻辑功能,判断其好坏

验证与非门 CC4011 的逻辑功能,其引脚见图 4 - 11。

测试时,选好某一个 14P 插座,插入被测器件,其输入端 $A$、$B$ 接逻辑开关的输出插口,其输出端 $Y$ 接至逻辑电平显示器输入插口,拨动逻辑电平开关,逐个测试各门的逻辑功能,并记入表 4 - 6 中。

**表 4 - 6　CC4011 逻辑功能表**

| 输入 | | 输出 | | | |
|---|---|---|---|---|---|
| $A$ | $B$ | $Y_1$ | $Y_2$ | $Y_3$ | $Y_4$ |
| 0 | 0 |  |  |  |  |
| 0 | 1 |  |  |  |  |
| 1 | 0 |  |  |  |  |
| 1 | 1 |  |  |  |  |

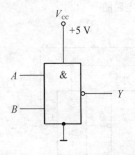

**图 4 - 11　与非门逻辑功能测试**

3. 观察与非门、与门、或非门对脉冲的控制作用

选用与非门按图 4 - 12(a)、(b)接线,将一个输入端接连续脉冲源(频率为 20 kHz),用示波器观察两种电路的输出波形,并记录。

然后测定"与门"和"或非门"对连续脉冲的控制作用。

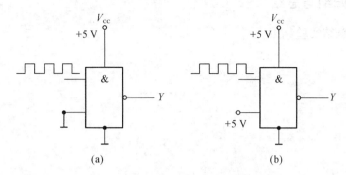

图 4 - 12 与非门对脉冲的控制作用

波形图记录如下：

## 五、思考题

（1）什么是集成门电路平均传输延迟时间？

## 六、实验归纳与总结

(1) 归纳、总结实验结果。

(2) 心得体会及其他。

# 实验三　　组合电路设计与测试

班级_____　学号_____　姓名_____　成绩_____

## 一、实验目的

（1）掌握组合逻辑电路的设计与测试方法。

（2）进一步熟悉数字电路实验装置的结构，基本功能和使用方法。

## 二、实验原理

### 三、实验仪器与设备

(1) +5 V 直流电源。

(2) 逻辑电平开关。

(3) 逻辑电平显示器。

(4) 直流数字电压表。

(5) CC4011×2(74LS00)、CC4012×3(74LS20)、CC4030(74LS86)
CC4081(74LS08)、74LS54×2(CC4085)、CC4001 (74LS02)。

### 四、实验内容与步骤

1. 设计一半加器电路,要求用与非门及用异或门、与门组成

(1) 真值表。

(2) 化简及逻辑表达式。

(3) 逻辑图。

(4) 功能测试表(表格自拟)。

2. 设计一位全加器,要求用与或非门实现

(1) 真值表。

(2) 化简及逻辑表达式。

(3) 逻辑图。

(4) 功能测试表(表格自拟)。

## 五、思考题

组合逻辑电路的设计步骤及注意事项。

## 六、实验归纳与总结

(1) 归纳、总结实验结果。

(2) 心得体会及其他。

# 实验四 译码器和数据选择器

班级＿＿＿＿ 学号＿＿＿＿ 姓名＿＿＿＿ 成绩＿＿＿＿

## 一、实验目的

（1）掌握中规模集成译码器的逻辑功能和使用方法。

（2）熟悉数码管的使用。

（3）掌握中规模集成数据选择器的逻辑功能及使用方法。

（4）学习用数据选择器构成组合逻辑电路的方法。

## 二、实验原理

### 三、实验仪器与设备

(1) +5 V 直流电源。

(2) 双踪示波器。

(3) 连续脉冲源。

(4) 逻辑电平开关。

(5) 逻辑电平显示器。

(6) 拨码开关组。

(7) 译码显示器。

(8) 74LS138×2、CC4511。

(9) 74LS151(或 CC4512)、74LS153(或 CC4539)。

### 四、实验内容与步骤

#### 1. 数据拨码开关的使用

将实验装置上的四组拨码开关的输出 $A_i$、$B_i$、$C_i$、$D_i$ 分别接至 4 组显示译码/驱动器 CC4511 的对应输入口,$LE$、$\overline{BI}$、$\overline{LT}$ 接至三个逻辑开关的输出插口,接上 +5 V 显示器的电源,然后按功能表 4-7 输入的要求揿动四个数码的增减键("+"与"-"键)和操作与 $LE$、$\overline{BI}$、$\overline{LT}$ 对应的三个逻辑开关,观测拨码盘上的四位数与 LED 数码管显示的对应数字是否一致,及译码显示是否正常。

表 4-7　CC4511 功能表

| 输　入 | | | | | | | 输　出 | | | | | | | |
|---|---|---|---|---|---|---|---|---|---|---|---|---|---|---|
| $LE$ | $\overline{BI}$ | $\overline{LT}$ | D | C | B | A | a | b | c | d | e | f | g | 显示字形 |
| × | × | 0 | × | × | × | × | | | | | | | | |
| × | 0 | 1 | × | × | × | × | | | | | | | | |
| 0 | 1 | 1 | 0 | 0 | 0 | 0 | | | | | | | | |
| 0 | 1 | 1 | 0 | 0 | 0 | 1 | | | | | | | | |
| 0 | 1 | 1 | 0 | 0 | 1 | 0 | | | | | | | | |
| 0 | 1 | 1 | 0 | 0 | 1 | 1 | | | | | | | | |
| 0 | 1 | 1 | 0 | 1 | 0 | 0 | | | | | | | | |
| 0 | 1 | 1 | 0 | 1 | 0 | 1 | | | | | | | | |
| 0 | 1 | 1 | 0 | 1 | 1 | 0 | | | | | | | | |
| 0 | 1 | 1 | 0 | 1 | 1 | 1 | | | | | | | | |
| 0 | 1 | 1 | 1 | 0 | 0 | 0 | | | | | | | | |
| 0 | 1 | 1 | 1 | 0 | 0 | 1 | | | | | | | | |
| 0 | 1 | 1 | 1 | 0 | 1 | 0 | | | | | | | | |

续表

| 输　入 | | | | | | | 输　出 | | | | | | | |
|---|---|---|---|---|---|---|---|---|---|---|---|---|---|---|
| 0 | 1 | 1 | 1 | 0 | 1 | 1 | | | | | | | | |
| 0 | 1 | 1 | 1 | 1 | 0 | 0 | | | | | | | | |
| $LE$ | $\overline{BI}$ | $\overline{LT}$ | D | C | B | A | a | b | c | d | e | f | g | 显示字形 |
| 0 | 1 | 1 | 1 | 1 | 0 | 1 | | | | | | | | |
| 0 | 1 | 1 | 1 | 1 | 1 | 0 | | | | | | | | |
| 0 | 1 | 1 | 1 | 1 | 1 | 1 | | | | | | | | |
| 1 | 1 | 1 | × | × | × | × | 锁　存 | | | | | | | |

### 2. 74LS138 译码器逻辑功能测试

将译码器使能端 $S_1$、$\overline{S}_2$、$\overline{S}_3$ 及地址端 $A_2$、$A_1$、$A_0$ 分别接至逻辑电平开关输出口,八个输出端 $\overline{Y}_7 \cdots \overline{Y}_0$ 依次连接在逻辑电平显示器的八个输入口上,拨动逻辑电平开关,记录 74LS138 的逻辑功能于表 4 – 8 中。

表 4 – 8　74LS138 功能表

| 输　入 | | | | | 输　出 | | | | | | | |
|---|---|---|---|---|---|---|---|---|---|---|---|---|
| $S_1$ | $\overline{S}_2+\overline{S}_3$ | $A_2$ | $A_1$ | $A_0$ | $\overline{Y}_0$ | $\overline{Y}_1$ | $\overline{Y}_2$ | $\overline{Y}_3$ | $\overline{Y}_4$ | $\overline{Y}_5$ | $\overline{Y}_6$ | $\overline{Y}_7$ |
| 1 | 0 | 0 | 0 | 0 | | | | | | | | |
| 1 | 0 | 0 | 0 | 1 | | | | | | | | |
| 1 | 0 | 0 | 1 | 0 | | | | | | | | |
| 1 | 0 | 0 | 1 | 1 | | | | | | | | |
| 1 | 0 | 1 | 0 | 0 | | | | | | | | |
| 1 | 0 | 1 | 0 | 1 | | | | | | | | |
| 1 | 0 | 1 | 1 | 0 | | | | | | | | |
| 1 | 0 | 1 | 1 | 1 | | | | | | | | |
| 0 | × | × | × | × | | | | | | | | |
| × | 1 | × | × | × | | | | | | | | |

### 3. 用 74LS138 构成时序脉冲分配器

画出分配器的实验电路,用示波器观察和记录在地址端 $A_2$、$A_1$、$A_0$ 分别取 000~1 118 种不同状态时 $\overline{Y}_7 \cdots \overline{Y}_0$ 端的输出波形,注意输出波形与 CP 输入波形之间的相位关系。

(1) 分配器实验电路图。

(2) 输出波形图。

4. 用两片 74LS138 组合成一个 4 线—16 线译码器,并进行实验

(1) 实验电路图。

(2) 功能测试表(表格自拟)。

5. 测试数据选择器 74LS151 的逻辑功能

接图 4-13 接线,地址端 $A_2$、$A_1$、$A_0$、数据端 $D_0 \sim D_7$、使能端 $\overline{S}$ 接逻辑开关,输出端 Q 接逻辑电平显示器,按 74LS151 功能表逐项进行测试,记录测试结果于表 4-9。

表 4-9 74LS151 功能表

| 输　入 | | | | 输　出 | |
|---|---|---|---|---|---|
| $\overline{S}$ | $A_2$ | $A_1$ | $A_0$ | $Q$ | $\overline{Q}$ |
| 1 | × | × | × | 0 | 1 |
| 0 | 0 | 0 | 0 | | |
| 0 | 0 | 0 | 1 | | |
| 0 | 0 | 1 | 0 | | |
| 0 | 0 | 1 | 1 | | |
| 0 | 1 | 0 | 0 | | |
| 0 | 1 | 0 | 1 | | |
| 0 | 1 | 1 | 0 | | |
| 0 | 1 | 1 | 1 | | |

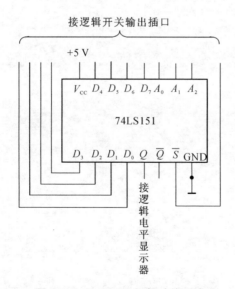

图 4-13 74LS151 逻辑功能测试

6. 测试 74LS153 的逻辑功能

测试方法及步骤同上,记录于表 4-10。

表 4 - 10　74LS153 功能表

| 输　入 | | | 输　出 |
| --- | --- | --- | --- |
| $\overline{S}$ | $A_1$ | $A_0$ | $Q$ |
| 1 | × | × | |
| 0 | 0 | 0 | |
| 0 | 0 | 1 | |
| 0 | 1 | 0 | |
| 0 | 1 | 1 | |

7. 用 8 选 1 数据选择器 74LS151 设计三输入多数表决电路

(1) 写出设计过程。

(2) 画出接线图。

(3) 验证逻辑功能。

8. 用双 4 选 1 数据选择器 74LS153 实现全加器
（1）写出设计过程。

（2）画出接线图。

（3）验证逻辑功能。

## 五、思考题

（1）用 74LS138 配合逻辑门实现函数 $F = \overline{AB} + AB + \overline{B}C$。

(2) 用数据选择器 74LS153 实现函数 $F=\overline{A}BC+\overline{A}\overline{B}C+A\overline{B}\overline{C}+ABC$。

## 六、实验归纳与总结

(1) 归纳、总结实验结果。

(2) 心得体会及其他。

# 实验五　触发器

班级_____　学号_____　姓名_____　成绩_____

## 一、实验目的

(1) 掌握基本 $RS$、$JK$、$D$ 和 $T$ 触发器的逻辑功能。

(2) 掌握集成触发器的逻辑功能及使用方法。

(3) 熟悉触发器之间相互转换的方法。

## 二、实验原理

### 三、实验仪器与设备

(1) +5 V 直流电源。

(2) 双踪示波器。

(3) 连续脉冲源。

(4) 单次脉冲源。

(5) 逻辑电平开关。

(6) 逻辑电平显示器。

(7) 74LS112、74LS00(或 CC4011)、74LS74。

### 四、实验内容与步骤

**1. 测试基本 $RS$ 触发器的逻辑功能**

按图 4-14,用两个与非门组成基本 $RS$ 触发器,输入端 $\overline{R}$、$\overline{S}$ 接逻辑开关的输出插口,输出端 $Q$、$\overline{Q}$ 逻辑电平显示输入插口,按表 4-11 要求测试,并记录。

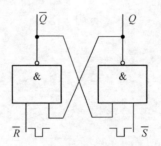

图 4-14　基本 $RS$ 触发器

表 4-11　基本 $RS$ 触发器的逻辑功能测试结果

| $\overline{R}$ | $\overline{S}$ | $Q$ | $\overline{Q}$ |
|---|---|---|---|
| 1 | 1→0 | | |
| | 0→1 | | |
| 1→0 | 1 | | |
| 0→1 | | | |
| 0 | 0 | | |

**2. 测试双 $JK$ 触发器 74LS112 逻辑功能**

(1) 测试 $\overline{R}_D$、$\overline{S}_D$ 的复位、置位功能。

任取一只 $JK$ 触发器,$\overline{R}_D$、$\overline{S}_D$、$J$、$K$ 端接逻辑开关输出插口,$CP$ 端接单次脉冲源,$Q$、$\overline{Q}$ 端接至逻辑电平显示输入插口。要求改变 $\overline{R}_D$、$\overline{S}_D$($J$、$K$、$CP$ 处于任意状态),并在 $\overline{R}_D=0(\overline{S}_D=1)$ 或 $\overline{S}_D=0(\overline{R}_D=1)$ 作用期间任意改变 $J$、$K$ 及 $CP$ 的状态,观察 $Q$、$\overline{Q}$ 状态。自拟表格并记录。

表格记录:

(2) 测试 $JK$ 触发器的逻辑功能。

按表 4-12 的要求改变 $J$、$K$、$CP$ 端状态,观察 $Q$、$\overline{Q}$ 状态变化,观察触发器状态更新是否发生在 $CP$ 脉冲的下降沿(即 $CP$ 由 $1\rightarrow0$),并记录。

表 4-12 JK 触发器逻辑功能测试结果

| $J$ | | $K$ | $CP$ | $Q^{n+1}$ | |
|---|---|---|---|---|---|
| | | | | $Q^n=0$ | $Q^n=1$ |
| 0 | 0 | $0\rightarrow1$ | | | |
| | | $1\rightarrow0$ | | | |
| 0 | 1 | $0\rightarrow1$ | | | |
| | | $1\rightarrow0$ | | | |
| 1 | 0 | $0\rightarrow1$ | | | |
| | | $1\rightarrow0$ | | | |
| 1 | 1 | $0\rightarrow1$ | | | |
| | | $1\rightarrow0$ | | | |

(3) 将 $JK$ 触发器的 $J$、$K$ 端连在一起,构成 $T$ 触发器。

在 $CP$ 端输入 1 Hz 连续脉冲,观察 $Q$ 端的变化。

在 $CP$ 端输入 1 kHz 连续脉冲,用双踪示波器观察 $CP$、$Q$、$\overline{Q}$ 端波形,注意相位关系,并描绘。

波形绘制:

3. 测试双 D 触发器 74LS74 的逻辑功能

(1) 测试 $\overline{R}_D$、$\overline{S}_D$ 的复位、置位功能。

测试方法同实验内容(2)、(1),自拟表格并记录。

表格记录:

(2) 测试 D 触发器的逻辑功能。

按表 4-13 要求进行测试,并观察触发器状态更新是否发生在 CP 脉冲的上升沿(即由 0→1),并记录。

表 4-13　双 D 触发器逻辑功能结果

| D | CP | $Q^{n+1}$ | |
|---|---|---|---|
| | | $Q^n = 0$ | $Q^n = 1$ |
| 0 | 0→1 | | |
| | 1→0 | | |
| 1 | 0→1 | | |
| | 1→0 | | |

(3) 将 D 触发器的 $\overline{Q}$ 端与 D 端相连接,构成 T 触发器。

测试方法同实验内容(2)、(3)并描绘。

波形绘制:

4. 双相时钟脉冲电路

用 JK 触发器及与非门构成的双相时钟脉冲电路如图 4-15 所示,此电路是用来将时钟脉冲 CP 转换成两相时钟脉冲 $CP_A$ 及 $CP_B$,其频率相同、相位不同。

分析电路工作原理,并按图 4-15 接线,用双踪示波器同时观察 $CP$、$CP_A$;$CP$、$CP_B$ 及 $CP_A$、$CP_B$ 波形,并描绘。

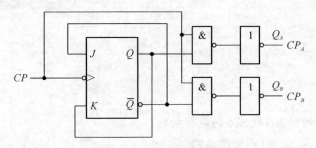

图 4-15　双相时钟脉冲电路

波形绘制:

## 五、思考题

（1）触发器的应用。

（2）简述触发器的不同触发方式的特点。

## 六、实验归纳与总结

（1）归纳、总结实验结果。

（2）心得体会及其他。

# 实验六　计数器

班级＿＿＿＿　学号＿＿＿＿　姓名＿＿＿＿　成绩＿＿＿＿

## 一、实验目的

（1）学习用集成触发器构成计数器的方法。

（2）掌握中规模集成计数器的使用及功能测试方法。

（3）运用集成计数器构成1/N分频器。

## 二、实验原理

### 三、实验仪器与设备

（1）＋5V 直流电源。
（2）双踪示波器。
（3）连续脉冲源。
（4）单次脉冲源。
（5）逻辑电平开关。
（6）逻辑电平显示器。
（7）译码显示器。
（8）74LS74×2、74LS192×3、74LS00、74LS20。

### 四、实验内容与步骤

1. 用 74LS74 D 触发器构成 4 位二进制异步加法计数器

（1）按图 4-16 接线，$\overline{R}_D$ 接至逻辑开关输出插口，将低位 $CP_0$ 端接单次脉冲源，输出端 $Q_3$、$Q_2$、$Q_1$、$Q_0$ 接逻辑电平显示输入插口，各 $\overline{S}_D$ 接高电平"1"。

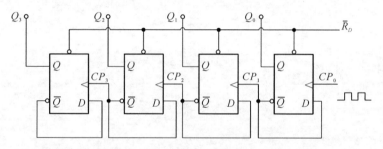

图 4-16 4 位二进制异步加法计数器

（2）清零后，逐个送入单次脉冲，观察并列表记录 $Q_3$—$Q_0$ 状态。
表格记录：

（3）将单次脉冲改为 1 Hz 的连续脉冲，观察 $Q_3$—$Q_0$ 的状态。

状态说明：

（4）将 1 Hz 的连续脉冲改为 1 kHz，用双踪示波器观察 $CP$、$Q_3$、$Q_2$、$Q_1$、$Q_0$ 端波形，并描绘。

波形绘制：

（5）将图 4-16 电路中的低位触发器的 $Q$ 端与高一位的 $CP$ 端相连接，构成减法计数器，按实验内容(2)，(3)，(4)进行实验，观察并列表记录 $Q_3$—$Q_0$ 的状态。

单次脉冲表格记录：

1 Hz 连续脉冲状态说明：

1 kHz 连续脉冲波形绘制：

2. 测试 74LS192 同步十进制可逆计数器的逻辑功能

计数脉冲由单次脉冲源提供，清除端 $CR$、置数端 $\overline{LD}$、数据输入端 $D_3$、$D_2$、$D_1$、$D_0$ 分别接逻辑开关，输出端 $Q_3$、$Q_2$、$Q_1$、$Q_0$ 接实验设备的一个译码显示输入相应插口 $A$、$B$、$C$、$D$；$\overline{CO}$ 和 $\overline{BO}$ 接逻辑电平显示插口。按表 4 - 14 逐项测试并判断该集成块的功能是否正常。

（1）清除。

令 $CR=1$，其他输入为任意态，这时 $Q_3Q_2Q_1Q_0=0000$，译码数字显示为 0。清除功能完成后，置 $CR=0$。

（2）置数。

$CR=0$，$CP_U$，$CP_D$ 任意，数据输入端输入任意一组二进制数，令 $\overline{LD}=0$，观察计数译码显示输出，予置功能是否完成，此后置 $\overline{LD}=1$。

（3）加计数。

$CR=0$，$\overline{LD}=CP_D=1$，$CP_U$ 接单次脉冲源。清零后送入 10 个单次脉冲，观察译码数字显示是否按 8421 码十进制状态转换表进行；输出状态变化是否发生在 $CP_U$ 的上升沿。

（4）减计数。

$CR=0$，$\overline{LD}=CP_U=1$，$CP_D$ 接单次脉冲源。参照（3）进行实验。

表 4 - 14　74LS192 的功能表

| 输　入 | | | | | | | | 输　出 | | | |
|---|---|---|---|---|---|---|---|---|---|---|---|
| $CR$ | $\overline{LD}$ | $CP_U$ | $CP_D$ | $D_3$ | $D_2$ | $D_1$ | $D_0$ | $Q_3$ | $Q_2$ | $Q_1$ | $Q_0$ |
| 1 | × | × | × | × | × | × | × | | | | |
| 0 | 0 | × | × | d | c | b | a | | | | |
| 0 | 1 | ↑ | 1 | × | × | × | × | | | | |
| 0 | 1 | 1 | ↑ | × | × | × | × | | | | |

3. 用两片 74LS192 组成两位十进制加法计数器

图 4 - 17 所示,输入 1 Hz 连续计数脉冲,进行由 00—99 累加计数,并记录。

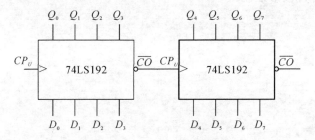

图 4 - 17　74LS192 级联电路

实验结果记录(可以自拟表格,也可以进行说明):

4. 将两位十进制加法计数器改为两位十进制减法计数器

实现由 99—00 递减计数,并记录。

(1) 实验电路图。

（2）实验结果记录。

5. 按图 4 – 18 电路进行实验，并记录

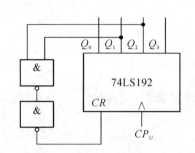

**图 4 – 18　六进制计数器实验电路图**

实验结果记录（自拟表格）：

6. 设计一个数字钟移位 60 进制计数器并进行实验，记录逻辑电路图并进行逻辑验证

（1）实验电路图。

（2）功能验证。

## 五、思考题

（1）简述集成计数器构成 N 进制计数器的方法及步骤（至少两种）。

（2）简述同步计数器和异步计数器的区别。

## 六、实验归纳与总结

（1）归纳、总结实验结果。

（2）心得体会及其他。

# 实验七　移位寄存器及其应用

班级_____　学号_____　姓名_____　成绩_____

## 一、实验目的

(1) 掌握中规模4位双向移位寄存器逻辑功能及使用方法。

(2) 熟悉移位寄存器的应用——实现数据的串行、并行转换和构成环形计数器。

## 二、实验原理

### 三、实验设备及器件

（1）＋5V 直流电源。
（2）单次脉冲源。
（3）逻辑电平开关。
（4）逻辑电平显示器。
（5）CC40194×2(74LS194)、CC4011(74LS00)、CC4068(74LS30)。

### 四、实验内容

**1. 测试 CC40194(或 74LS194)的逻辑功能**

按图 4‑19 接线，$\overline{C}_R$、$S_1$、$S_0$、$S_L$、$S_R$、$D_0$、$D_1$、$D_2$、$D_3$ 分别接至逻辑开关的输出插口；$Q_0$、$Q_1$、$Q_2$、$Q_3$ 接至逻辑电平显示输入插口。$CP$ 端接单次脉冲源。按表 4‑15 所规定的输入状态，逐项进行测试。

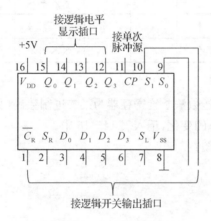

**图 4‑19　CC40194 逻辑功能测试**

（1）清除：令 $\overline{C}_R=0$，其他输入均为任意态，这时寄存器输出 $Q_0$、$Q_1$、$Q_2$、$Q_3$ 应均为 0。清除后，置 $\overline{C}_R=1$。

（2）送数：令 $\overline{C}_R=1$ ，送入任意 4 位二进制数，如 $D_0D_1D_2D_3=abcd$，加 $CP$ 脉冲，观察 $CP=0$、$CP$ 由 0→1、$CP$ 由 1→0 三种情况下寄存器输出状态的变化，观察寄存器输出状态变化是否发生在 $CP$ 脉冲的上升沿。

（1）右移：清零后，令 $\overline{C}_R=1$，$S_1=0$，$S_0=1$，由右移输入端 $S_R$ 送入二进制数码如 0100，由 $CP$ 端连续加 4 个脉冲，观察输出情况，并记录。

（4）左移：先清零或予置，再令 $\overline{C}_R=1$，$S_1=1$，$S_0=0$，由左移输入端 $S_L$ 送入二进制数码如 1111，连续加四个 $CP$ 脉冲，观察输出端情况，并记录。

（5）保持：寄存器予置任意 4 位二进制数码 abcd，令 $\overline{C}_R=1$，$S_1=S_0=0$，加 $CP$ 脉冲，观察寄存器输出状态，并记录。

**表 4 - 15    CC40194(或 74LS194)逻辑功能测试表**

| 清除 | 模式 | | 时钟 | 串 行 | | 输 入 | 输 出 | 功能总结 |
|------|------|------|------|------|------|------|------|------|
| $\overline{C_R}$ | $S_1$ | $S_0$ | $CP$ | $S_L$ | $S_R$ | $D_0\ D_1\ D_2\ D_3$ | $Q_0\ Q_1\ Q_2\ Q_3$ | |
| 0 | × | × | × | × | × | ×××× | | |
| 1 | 1 | 1 | ↑ | × | × | a b c d | | |
| 1 | 0 | 1 | ↑ | × | 0 | ×××× | | |
| 1 | 0 | 1 | ↑ | × | 1 | ×××× | | |
| 1 | 0 | 1 | ↑ | × | 0 | ×××× | | |
| 1 | 0 | 1 | ↑ | × | 0 | ×××× | | |
| 1 | 1 | 0 | ↑ | × | × | ×××× | | |
| 1 | 1 | 0 | ↑ | 1 | × | ×××× | | |
| 1 | 1 | 0 | ↑ | 1 | × | ×××× | | |
| 1 | 1 | 0 | ↑ | 1 | × | ×××× | | |
| 1 | 0 | 0 | ↑ | × | × | ×××× | | |

**2. 环形计数器**

自拟实验线路用并行送数法予置寄存器为某二进制数码(如 0100),然后进行右移循环,观察寄存器输出端状态的变化,记入表 14 - 16 中。

绘制环形计数器接线图:

**表 14 - 16    环形计数功能表**

| $CP$ | $Q_0$ | $Q_1$ | $Q_2$ | $Q_3$ |
|------|-------|-------|-------|-------|
| 0 | 0 | 1 | 0 | 0 |
| 1 | | | | |
| 2 | | | | |
| 3 | | | | |
| 4 | | | | |

3. 实现数据的串、并行转换

（1）串行输入、并行输出。

按图 4 - 20 接线，进行右移串入、并出实验，串入数码自定；改接线路用左移方式实现并行输出。

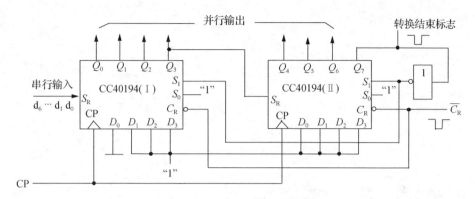

图 4 - 20　七位串行／并行转换器

自拟表格，并记录：

（2）并行输入、串行输出。

按图 4 - 21 接线，进行右移并入、串出实验，并入数码自定。再改接线路用左移方式实现串行输出。

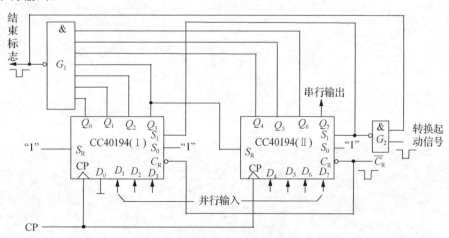

图 4 - 21　七位并行／串行转换器

自拟表格,并记录:

## 五、思考题

1. 分析表 4 – 15 的实验结果,总结移位寄存器 CC40194 的逻辑功能。

2. 分析串 / 并、并 / 串转换器所得结果的正确性。

## 六、实验归纳与总结

（1）归纳、总结实验结果。

（2）心得体会及其他。

# 实验八  时基电路

班级_____  学号_____  姓名_____  成绩_____

## 一、实验目的

(1) 熟悉 555 型集成时基电路结构、工作原理及其特点。

(2) 掌握 555 型集成时基电路的基本应用。

## 二、实验原理

### 三、实验设备与器件

（1）+5V 直流电源。

（2）双踪示波器。

（3）连续脉冲源。

（4）单次脉冲源。

（5）音频信号源。

（6）数字频率计。

（7）逻辑电平显示器。

（8）555×2、2CK13×2、电位器、电阻、电容若干。

### 四、实验内容

**1. 单稳态触发器**

（1）按图 4-22 连线，取 $R=100$ K，$C=47$ $\mu$F，输入信号 $v_i$ 由单次脉冲源提供，用双踪示波器观测 $v_i$、$v_C$、$v_o$ 波形。测定幅度与暂稳时间。

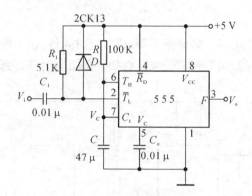

图 4-22 单稳态触发器

（2）再取 $R=1$ K，$C=0.1$ $\mu$F，输入端加 1 kHz 的连续脉冲，观测波形 $v_i$、$v_C$、$v_o$，测定幅度及暂稳时间。

记录于下：

2. 施密特触发器

按图 4-23 接线,输入信号由音频信号源提供,预先调好 $v_s$ 的频率为 1 kHz,接通电源,逐渐加大 $v_s$ 的幅度,观测输出波形,测绘电压传输特性,算出回差电压 $\Delta U$。

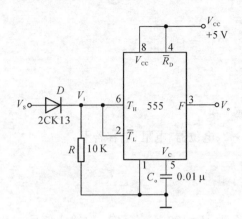

图 4-23　施密特触发器

$\Delta U=$

3. 模拟声响电路

按图 4-24 接线,组成两个多谐振荡器,调节定时元件,使 I 输出较低频率,II 输出较高频率,连好线,接通电源,试听音响效果。调换外接阻容元件,再试听音响效果。

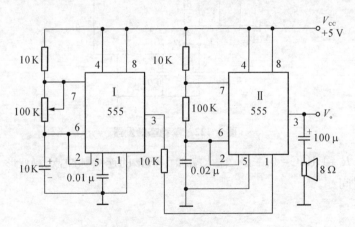

图 4-24　模拟声响电路

根据模拟声响电路的音响效果,总结实验结果如下:

## 五、思考题

（1）如何用示波器测定施密特触发器的电压传输特性曲线？

（2）如何调节由 555 定时器组成的多谐振荡器的占空比？

## 六、实验归纳与总结

（1）归纳、总结实验结果。

（2）心得体会及其他。